计算机"十三五"规划教材

中文版 PowerPoint 2010 演示文稿制作实训教程

洪东忍　著

电子科技大学出版社

图书在版编目（CIP）数据

中文版 PowerPoint 2010 演示文稿制作实训教程 / 洪东忍著. -- 成都：电子科技大学出版社，2017.12

ISBN 978-7-5647-5351-1

Ⅰ. ①中… Ⅱ. ①洪… Ⅲ. ①图形软件—教材 Ⅳ. ①TP391.412

中国版本图书馆 CIP 数据核字（2017）第 288330 号

中文版 PowerPoint 2010 演示文稿制作实训教程

洪东忍　著

策划编辑　万晓桐
责任编辑　万晓桐

出版发行电子科技大学出版社
成都市一环路东一段 159 号电子信息产业大厦九楼　邮编　610051
主　　页　www.uestcp.com.cn
服务电话　028-83203399
邮购电话　028-83201495

印　　刷　廊坊市广阳区九洲印刷厂
成品尺寸　185mm×260mm
印　　张　14.5
字　　数　371 千字
版　　次　2017 年 12 月第一版
印　　次　2023 年 8 月第二次印刷
书　　号　ISBN 978-7-5647-5351-1
定　　价　38.00 元

前　言

演示文稿通常用于产品演示、会议演讲和公司业绩报告等不同的场合，使用 PowerPoint 可以轻松设计并制作出非常精美的演示文稿。PowerPoint 2010 是 Office 2010 中的一个重要组件，用于制作与播放演示文稿。现在，PowerPoint 正在被越来越多的企业与个人用户所接受，并广泛用于工作、学习和生活中。本书将对 PowerPoint 2010 的使用方法、操作技巧，以及在实际工作中的应用进行深入介绍，并通过大量的典型案例进行实战演练。本书主要具有以下几个特点。

（1）全面介绍 PowerPoint 2010 的基本功能及实际应用，以各种重要技术为主线，然后对每种技术中的重点内容进行了详细介绍。

（2）运用全新的项目任务的写作手法和写作思路，使读者在学习本书之后能够快速掌握 PowerPoint 操作技能，真正成为 PowerPoint 演示文稿制作的行家里手。

（3）全面讲解 PowerPoint 2010 各种应用，内容丰富，步骤讲解详细，实例效果易于理解，读者通过学习能够真正解决实际工作和学习中遇到的难题。

（4）以实用为教学出发点，以培养读者实际应用能力为目标，通过通俗易懂的图文和手把手的教学方式讲解 PowerPoint 演示文稿制作过程中的要点与难点，使读者全面掌握 PowerPoint 应用知识。

本书共 10 章，主要包括第 1 章演示文稿的色彩和布局设计，第 2 章 PowerPoint 2010 基础入门，第 3 章文本型幻灯片的制作，第 4 章图片型幻灯片的制作，第 5 章图表型幻灯片的制作，第 6 章多媒体元素的应用，第 7 章统一演示文稿外观，第 8 章 PPT 动画的应用，第 9 章交互式演示文稿的制作，第 10 章演示文稿的放映与导出。本书相关资料和售后服务可扫封底的二维码或登录 www.bjzzwh.com 下载获得。

本书在编写过程中难免有疏漏和不当之处，敬请各位专家及读者不吝赐教。

作　者

目 录

第 1 章　演示文稿与 PowerPoint 2010 基础

【本章导读】

在任何设计中，色彩和布局对视觉的刺激都起到第一信息传达的作用。同样，我们在观看一个演示文稿时，首先注意到的就是它的颜色和布局。因此，只有对色彩和布局基础知识有良好的掌控，在演示文稿设计中才能做到游刃有余。在学习制作演示文稿前，先来学习 PowerPoint 2010 的基本知识。

【本章目标】

➢　理解色彩对于幻灯片的重要性。
➢　掌握常见幻灯片的布局特征及规律。
➢　了解 PowerPoint 2010 的基本知识。

1.1　演示文稿的基本知识

现在演示文稿正成为人们工作与生活的重要组成部分，在工作汇报、企业宣传、产品推介、项目竞标、婚礼庆典和管理咨询等领域均有广泛的应用。在本任务中将引领读者了解演示文稿的分类、制作流程以及制作演示文稿的关键。

一、演示文稿的分类

演示文稿是由一张或若干张幻灯片组成的，幻灯片是一个演示文稿中单独的"一页"，PowerPoint 的主要工作就是创作和设计幻灯片。

每张幻灯片一般至少包括两部分内容：幻灯片标题（用来表明主题）和若干文本条目（用来论述主题）。另外，还可以包括图形、表格等其他对于论述主题有帮助的内容。在利用 PowerPoint 创建的演示文稿中，为了方便使用者，还为每张幻灯片配备了备注栏，在其中可以添加备注信息，在演示文稿播放过程中对使用者起提示作用，不过备注栏中的内容观众是看不到的。PowerPoint 还可以将演示文稿中每张幻灯片中的主要文字说明自动组成演示文稿的大纲，以方便使用者查看和修改。

演示文稿根据用途的不同可以分为不同的类型，不管用户想制作哪种类型的演示文稿，PowerPoint 特有的文档功能都能给用户带来极大的方便。常见的演示文稿类型有以下 3 种。

1. 制作报告

利用 PowerPoint 制作报告，可以使与会者集中精力听介绍者解说。

2．制作课件

老师可以使用 PowerPoint 将要在课堂上讲述的知识点制作成演示文稿，一部带有动画、音乐等多媒体元素的幻灯片能够激发学生的兴趣，从而提高学习效率。

3．各种介绍说明

作为一个销售人员或者售前工程师，在为客户介绍本公司的背景和产品时，使用这种集介绍性文字、公司图片和产品图片于一体的演示文稿，可以加深客户对本公司产品的认识，从而提高公司的可信度。

二、演示文稿的制作流程

制作演示文稿的一般流程如下。

1．准备演示文稿需要的素材

确定好演示文稿要制作的主题后就需要准备相关的素材文件，用户通过从网上下载免费的 PPT 素材。通过搜索引擎用户可以找到很多免费的 PPT 素材，使用这些素材可以节省制作时间，提高工作效率。若下载的素材不太适合自己，还可以使用图片编辑软件或直接在 PowerPoint 中对其进行加工。

2．初步制作演示文稿

首先确定好演示文稿的大纲，然后将文本、图片、形状、视频等对象添加到相应的幻灯片中。

3．设置幻灯片对象格式

在各幻灯片中添加好对象后，还应根据需要设置其格式，如设置字体格式、裁剪图片、添加效果等。

4．添加动画效果

添加动画效果可以使演示文稿动起来，增加视觉冲击力，让观众提起兴趣，强化记忆。可以为每一张演示文稿添加切换动画效果，以避免在播放下一张幻灯片时显得突兀。还可以为幻灯片中的各个对象添加动画效果，使其按照逻辑顺序逐个显示或退出，引导观众按照演讲者的思路理解演示文稿内容。

5．添加交互功能

默认情况下，在放映演示文稿时将按照幻灯片的编号顺序依次放映，用户可通过在幻灯片中插入超链接或动作按钮来播放指定的幻灯片。当单击超链接或动作按钮时，演示文稿将自动切换到指定的幻灯片或运行指定的程序。此外，还可以为幻灯片中的动画添加触发器，以增加幻灯片内的交互，如单击人物头像后将显示出人物简介。

三、演示文稿的布局设计

布局是指在编辑幻灯片时，指定文本和图像的位置、页边距大小、每页内容的段落数、每个段落的标题和文本的基本位置等。一个演示文稿的成功与否，布局也是关键的因素。

在本任务中，将介绍幻灯片的布局原则，以及常见的布局样式。

1．单张幻灯片的布局

演示文稿的布局对一个演示文稿的成功与否起着至关重要的作用，它关系到整个演示文稿页面的整体视觉印象。一个良好的布局方式可以使演示文稿的页面瞬间变得鲜活起来，从而更好地吸引观众，传达主题。

在演示文稿的布局中，应该遵守以下几项基本原则。

（1）统一原则。对于一整套幻灯片，应该具有统一的页边距、文本和图像的位置、颜色、字体和背景等，如图 1-1 所示。

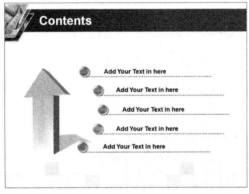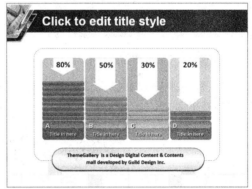

图 1-1　布局统一的幻灯片

（2）均衡原则。当幻灯片某个标题或图像过大时会破坏整体设计的均衡感，造成一种失重的感觉。图 1-2 所示的幻灯片中的标题文字过大，破坏了画面的均衡感。

在对标题文字的大小进行调整后，可以得到均衡的效果，如图 1-3 所示。

（3）强调原则。对于演示文稿的核心部分或结论部分，要采用合适的方法进行重点突出，让观众引起足够的重视，加深观众的印象，以避免观众看完整个演示文稿却什么也没记住的情况发生，如图 1-4 所示。

（4）综合原则。为了使制作的幻灯片更加吸引观众，应在演示文稿中综合运用文字、图像、表格等表现手法，做到图文并茂，避免过于枯燥的叙述说明。图 1-5 所示的演示文稿就比较生动。

图 1-2　布局不均衡的幻灯片

图 1-3　布局均衡的幻灯片

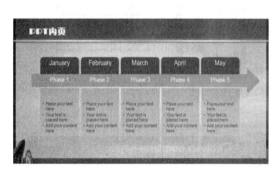

图 1-4　强调原则的的运用

图 1-5　综合原则的运用

（5）移动原则。如果设计者希望观众能从整体上掌握幻灯片的内容，可以使用图形来引导观众的视线，使其随着内容的先后顺序而移动，如图 1-6 所示。

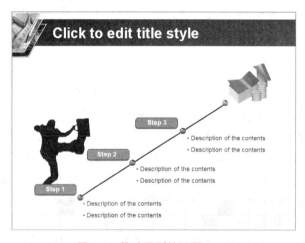

图 1-6　移动原则的运用

2．演示文稿的整体布局

在制作演示文稿时，往往不是只制作一张、而是制作一组幻灯片。因此，如何对这一组演示文稿进行整体的布局，是设计者着手演示文稿的制作之前就应该考虑好的事情。在对演示文稿进行整体布局时，要注意以下几点。

（1）要有一张标题幻灯片，告诉观众你是谁、你准备谈什么内容，如图1-7 所示。

（2）准备一张结论幻灯片，可以使你有机会在结束演讲之前再次强调你的信息。

（3）第一张和最后一张都安排标题幻灯片：第一张标题幻灯片（包括演讲标题和你的姓名）将使观众了解你是谁，将要讲什么内容；最后一张幻灯片与第一张一样，可以用它来结束自己的演讲，如图1-8 所示。

图 1-7　第一张幻灯片示例　　　　　　　　图 1-8　最后一张幻灯片示例

（4）幻灯片的大小可以采用 PowerPoint 默认的大小，即 25.4cm×19.05cm。

（5）演示文稿整套幻灯片的格式应该一致，包括颜色、字体和背景等。

（6）同一套幻灯片使用统一的横向或竖向，不要混杂使用，因为内容会超出屏幕。在使用投影仪进行演讲时，演示文稿最好采用 PowerPoint 指定的横向方向；而需要打印到纸上时，最好采用纵向方向。

（7）适当增加一些图片。文字输入结束后，再检查一下所有幻灯片，把那些文字太多的幻灯片分成2~3 张，然后选择一些幻灯片添加一些图片，以增强视觉效果。

3．演示文稿常见布局

演示文稿的布局是指文本图像的位置、页边距大小、每页内容的段落数、每个段落的标题和文本的位置等安排。掌握一些常用演示文稿的布局，可以使设计者在较短的时间内就能制作出具有专业水准的演示文稿。

下面将详细介绍制作演示文稿时最常用的一些布局方式。

（1）标准型。标准型是最常见的简单而规则的版面布局类型，一般从上到下的排列顺序为：图片/图表、标题、说明文字、标志图形，自上而下符合人们认识的心理顺序和思维活动的逻辑顺序，能够产生良好的阅读效果，如图1-9 所示。

（2）左置型。左置型也是一种非常常见的版面编排类型，它往往将纵长型图片放在版面的左侧，使其与横向排列的文字形成有力对比。这种版面编排类型十分符合人们的视线流动顺序，如图1-10 所示。

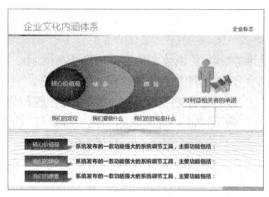

图 1-9　标准型布局的幻灯片　　　　　图 1-10　左置型布局的幻灯片

（3）斜置型。斜置型是在构图时将全部构成要素向右边或左边作适当的倾斜，使视线上下流动，画面产生动感，如图 1-11 所示。

（4）圆图型。圆图型是在安排版面时以正圆或半圆构成版面的中心，在此基础上按照标准型顺序安排标题、说明文字和标志图形，在视觉上非常引人注目，如图 1-12 所示。

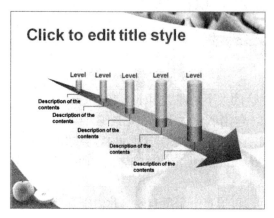

图 1-11　斜置型布局的幻灯片　　　　　图 1-12　圆图型布局的幻灯片

（5）中轴型。中轴型是一种对称的构成形态，标题、图片、说明文与标题图形放在轴心线或图形的两边，具有良好的平衡感。根据视觉流程的规律，在设计时要把诉求重点放在左上方或右下方，如图 1-13 所示。

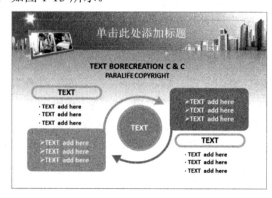

图 1-13　中轴型布局的幻灯片

（6）棋盘型。使用棋盘型安排版面时，将版面全部或部分分割成若干等量的方块形态，互相明显区别，形成棋盘式格局，如图 1-14 所示。

图 1-14　棋盘型布局的幻灯片

（7）文字型。在文字型编排中，文字是版面的主体，图片仅仅是点缀。一定要加强文字本身的感染力，同时字体要便于阅读，并使图形起到锦上添花、画龙点睛的作用，如图 1-15 所示。

（8）全图型。全图型是用一张图片占据整个版面，图片可以是人物形象，也可以是创意所需要的特写场景，在图片适当位置直接加入标题，说明文或标志图形，如图 1-16 所示。

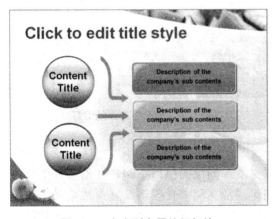

图 1-15　文字型布局的幻灯片

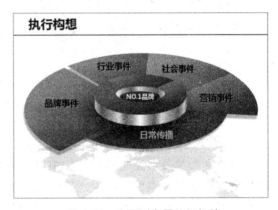

图 1-16　全图型布局的幻灯片

（9）散点型。选择散点型布局，在编排时将构成要素在版面上做不规则的摆放，形成随意、轻松的视觉效果。要注意统一气氛，进行色彩或图形的相似处理，避免杂乱无章。同时，又要主体突出，符合视觉流程规律，这样方能取得最佳效果，如图 1-17 所示。

（10）水平型。水平型是一种安静而平定的编排形式，亲切、自然，符合大众的审美情趣，是一种较为常用的布局方式，如图 1-18 所示。

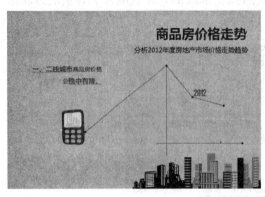

图 1-17　散点型布局的幻灯片　　　　图 1-18　水平型布局的幻灯片

（11）重复型。重复的构成要素具有较强的吸引力，可以使版面产生节奏感，从而增强画面情趣，如图 1-19 所示。

（12）指示型。指示型版面编排的结构形态上有着明显的指向性，这种指向性构成要素既可以是箭头型的指向构成，又可以是图片动势指向文字内容，能够起到明显的指向作用，如图 1-20 所示。

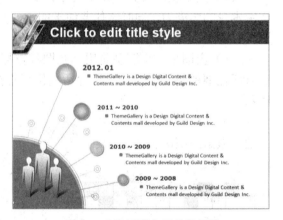

图 1-19　重复型布局的幻灯片　　　　图 1-20　指示型布局的幻灯片

4．演示文稿页边距的设置

演示文稿的页边距是指幻灯片中没有放置文本或图像的空白空间。在幻灯片中页边距是提供视觉舒适度的重要因素。因此，在制作演示文稿中合理地设置页边距是十分重要的。在制作演示文稿时，不应该使文本和图像充满整个演示文稿的页面，而应该留下适当的页边距，这样不但在观赏的过程中可以使观众觉得舒服，也可以使设计者能更加轻松地控制幻灯片中的内容。

图 1-21 所示的演示文稿画面过满，给人的感觉非常拥挤。而调整页边距后的演示文稿，画面看起来要舒服得多，如图 1-22 所示。

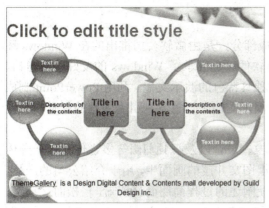

图 1-21　页边距设置不当的幻灯片	图 1-22　调整页边距后的幻灯片

5．利用标尺、网格与参考线设计幻灯片布局

使用标尺、网格和参考线可以帮助用户放置幻灯片对象，如可以将幻灯片对象与参考线对齐，以帮助实现幻灯片之间的视觉平衡。

Step 01 在"视图"选项卡下选中"标尺""网格线"和"参考线"复选框，即可在幻灯片中显示出标尺、网格线和参考线，如图 1-23 所示。

Step 02 右击幻灯片的空白位置，选择"网格和参考线"命令。

Step 03 在弹出"网格线和参考线"对话框中，对网格线和参考线进行参数设置，如图 1-24 所示。

图 1-23　显示标尺、网格线和参考线

图 1-24　设置网格线和参考线

1.4　PowerPoint 2010 基本知识

本节将引领读者对 PowerPoint 2010 作一个全面的了解，内容主要包括 PowerPoint 2010 简介、PowerPoint 2010 的操作界面和 PowerPoint 2010 的新增功能。

一、PowerPoint 2010 简介

PowerPoint 2010 是 Office 2010 的重要组成部分，是由微软公司推出的在 Windows 环境下运行的一个功能强大的演示文稿制作工具软件。它继承了 Windows 的友好图形窗口，使用户能够轻轻松松地进行操作，制作出各种独具特色的演示文稿。利用 PowerPoint 制成的演示文稿可以通过不同的方式播放，可以在演示文稿中设置各种引人入胜的视觉与听觉效果。

PowerPoint 能够制作出集文字、图形、图像、声音以及视频剪辑等多媒体元素于一体的演示文稿，把用户所要表达的信息组织在一组图文并茂的画面中，用于介绍公司的产品、展示学术成果等。利用它制作的演示文稿可以使阐述的过程简明而又清晰，轻松而又翔实，从而更有效地与人沟通。用户不仅可以在投影仪或者电脑上进行演示，也可以将演示文稿打印出来，制作成胶片，以便应用到更广泛的领域中。

利用 PowerPoint 不仅可以创建演示文稿，还可以在互联网上召开面对面会议、远程会议，或在网上给观众展示演示文稿。

二、PowerPoint 2010 的操作界面

启动 PowerPoint 2010 后就可以看到它的操作界面，它与以前的 PowerPoint 2007 操作界面有很多相似之处，但是功能更为全面，操作简单易行，如图 1-25 所示。

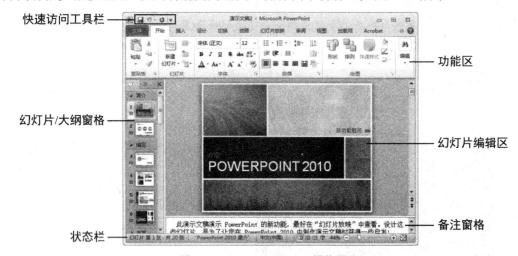

图 1-25　PowerPoint 2010 操作界面

PowerPoint 2010 的操作界面可以分为四个区域，分别是功能区、幻灯片编辑区、幻灯片/大纲窗格和状态栏，下面将分别进行简要介绍。

1. 功能区

功能区包含用户对幻灯片进行编辑和查看效果而所使用的工具，根据不同的功能分为九个选项卡，分别为："文件""开始""插入""设计""切换""动画""幻灯片放映""审阅"和"视图"选项卡。

2. 幻灯片编辑区

这个区域主要用于显示和编辑幻灯片。演示文稿中的所有幻灯片都是在此窗格中编辑完成的。在幻灯片编辑区的最下面是备注栏，可以在这里根据需要对幻灯片进行注解。注意：这个注解不会显示在幻灯片上，但在打印幻灯片时会显示在打印文稿上。

3．幻灯片/大纲窗格

幻灯片/大纲窗格中包括"幻灯片"和"大纲"选项卡，其中幻灯片模式是调整和设置幻灯片的最佳模式。在这种模式下，幻灯片会以序号的形式进行排列，可以在此预览幻灯片的整体效果。

使用大纲模式可以很好地组织和编辑幻灯片内容。在编辑区的幻灯片中输入文本内容之后，在大纲模式的任务窗格中也会显示文本的内容，可以直接在此输入或修改幻灯片的文本内容。

4．备注窗格

备注窗格用于为对应的幻灯片添加提示信息，对使用者起备忘、提示作用，在实际播放演示文稿时看不到备注栏中的信息。

5．状态栏

状态栏是显示现在正在编辑的幻灯片所在状态，主要有幻灯片的总页数和当前页数、语言状态、视图状态和幻灯片放大比例等。

6．快速访问工具栏

快速访问工具栏是一个可自定义的工具栏，它包含一组独立于当前显示的功能区上选项卡的命令。用户可以将常用命令或按钮添加到快速访问工具栏，以便于使用。

二、PowerPoint 2010 新增功能

PowerPoint 2010 较与之前的版本，其新功能主要体现在以下几个方面。

1．动画刷

PowerPoint 2010 新增了动画刷（如图 1-26 所示），极大地减少了相同动画的重复操作过程，使动画工具在使用上更加简便、快捷。

图 1-26 "动画刷"按钮

2．为演示文稿带来更多活力和视觉冲击

通过使用新增和改进的图像编辑和艺术过滤器，如颜色饱和度和色温、亮度和对比度、虚化、画笔和水印等，可以将图像变成引人注目、颜色鲜亮的图像，如图 1-27 所示。

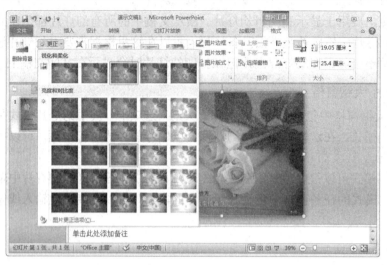

图 1-27　改变图像效果

3．快速移除背景

在 PowerPoint 中插入图片时，一些简单的图像处理可以不需要使用 Photoshop 软件，使用 PowerPoint 可以去除图像背景与抠图，如图 1-28 和图 1-29 所示。

图 1-28　移除背景前

图 1-29　移除背景后

4．使用美妙绝伦的图形创建高质量的演示文稿

不必是设计专家，照样能够制作出专业的图表。使用数十个新增的 SmartArt 布局可以创建多种类型的图表，如组织系统图、列表和图片图表等，将单调的文字转换为令人印象深刻的直观内容，如图 1-30 所示。

5．更高效地组织和打印幻灯片

通过使用新功能轻松组织和导航幻灯片。这些新功能可以将一个演示文稿分为逻辑节，或与他人合作时为特定作者分配幻灯片。这些功能可以更轻松地管理幻灯片，如只打印用户需要的节而不是整个演示文稿等，如图 1-31 所示。

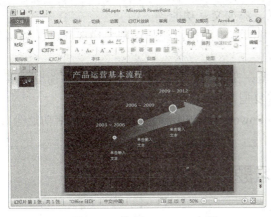

图 1-30　使用 SmartArt 布局

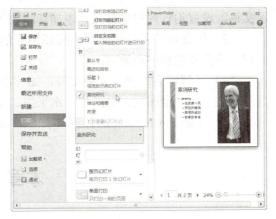

图 1-31　打印节

6．将艺术效果应用于图片

在 PowerPoint 2010 中，可以将艺术效果应用于图片或图片填充，以使图片看上去更像草图、绘图或绘画。一次只能将一种艺术效果应用于图片，因此应用不同的艺术效果会删除以前应用的艺术效果，如图 1-32、图 1-33 和图 1-34 所示。

图 1-32　原始图片

图 1-33　影印效果

图 1-34　铅笔灰度

7．更快地完成任务

PowerPoint 2010 简化了访问功能的方式。新增的 Backstage 视图替换了传统的文件菜单，只需几次单击操作即可保存、共享、打印和发布演示文稿。通过改进的功能区，用户可以快速访问常用命令，创建自定义选项卡，个性化工作风格体验。

PowerPoint 2010 的新功能还有很多，具体使用方法将在后面的章节中进行详细介绍，在此不再赘述。

本章小结

通过本章的学习，读者应重点掌握以下知识：

（1）了解演示文稿的制作流程，主要包括：准备演示文稿需要的素材、初步制作演示文稿、设置幻灯片对象格式、添加动画效果、添加交互功能等。

（2）清楚在演示文稿布局中应该遵守的几项基本原则：统一原则、均衡原则、强调原则、综合原则和移动原则。

（3）了解常见的演示文稿布局，如标准型、左置型、斜置型、圆图型、中轴型、棋盘型、文字型、全图型、散点型、水平型、重复型、指示型等。

（4）了解 PowerPoint 2010 基本知识，如 PowerPoint 2010 的操作界面、新增功能等。

本章习题

（1）学习如图 1-35 所示的色彩设计。

图 1-35　色彩设计示例

（2）学习如图 1-36 所示的布局设计。

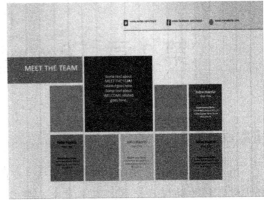
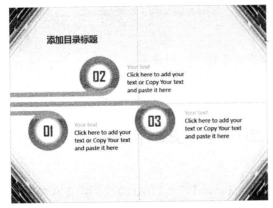
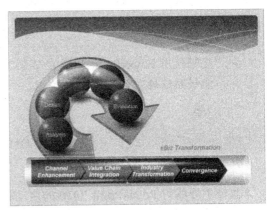

图 1-36　布局设计示例

第2章 PowerPoint 2010 基础

【本章导读】

通过 PowerPoint 2010，可以使用文本、图形、照片、视频、动画和更多手段来设计具有视觉震撼力的演示文稿。在本章中，将学习 PowerPoint 2010 的基础入门知识。

【本章重点】

➢ 能够使用 PowerPoint 2010 创建简单的演示文稿并进行保存。
➢ 能够熟练地对幻灯片进行操作。

2.1 PowerPoint 2010 基础操作

本节主要学习 PowerPoint 2010 的启动和退出、PowerPoint 2010 的视图操作和将命令添加到快速访问工具栏。

实训 1 启动 PowerPoint 2010

启动 PowerPoint 2010 的方法和启动其他软件的方法基本相同，大致可以分为下面三种方法打开软件。

方法 1: 从"开始"菜单启动

单击任务栏左侧的"开始"按钮，在弹出的"开始"菜单中选择"所有程序"| Microsoft Office | Microsoft PowerPoint 2010 命令，如图 2-1 所示。

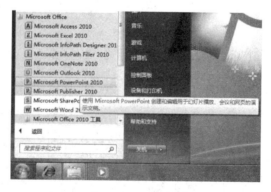

图 2-1 从"开始"菜单启动

方法 2：双击快捷方式图标

双击桌面上的 Microsoft PowerPoint 2010 软件的桌面快捷方式图标，即可启动应用软件，如图 2-2 所示。

图 2-2　双击快捷方式图标

方法 3：双击 PowerPoint 文件

直接双击电脑中的 Microsoft PowerPoint 文件，即可自动运行 PowerPoint 2010 软件，并且会打开这个文件。

实训 2　退出 PowerPoint 2010

若要退出 PowerPoint 2010 程序，可以通过以下两种方法来实现。

方法 1：使用"文件"选项卡退出

选择"文件"选项卡，在左侧列表下方单击"退出"按钮，如图 2-3 所示。

方法 2：从任务栏退出

在桌面任务栏上右击 PowerPoint 2010 程序图标，在弹出的快捷菜单中选择"关闭所有窗口"命令，如图 2-4 所示。

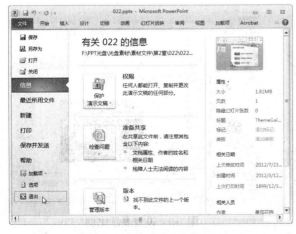

图 2-3　单击"退出"按钮

图 2-4　选择"关闭所有窗口"命令

实训 3　PowerPoint 2010 的视图操作

在 PowerPoint 2010 中提供了多种视图查看方式，主要包括普通视图、幻灯片浏览视图、阅读视图和备注页视图四种方式。合理地利用视图方式可以更加有效地制作幻灯片，下面分别对其进行介绍。

1.　普通视图

普通模式是 PowerPoint 默认的视图模式，下面学习普通视图下的基本操作。

Step 01　选择"视图"选项卡，在"演示文稿视图"组中单击"普通视图"按钮，切换到普通视图，如图 2-5 所示。

Step 02　在左窗格中选择"幻灯片"选项卡，将显示每张幻灯片的缩略图。单击任何一个缩略图，即可切换到该幻灯片，如图 2-6 所示。

图 2-5　单击"普通视图"按钮　　　　　　　　　　图 2-6　选择幻灯片

Step 03　在左窗格中选择"大纲"选项卡，此时将显示演示文稿的文本，如图 2-7 所示。

Step 04　在"视图"选项卡中单击"显示比例"按钮，弹出"显示比例"对话框，从中设置幻灯片的显示比例，然后单击"确定"按钮，如图 2-8 所示。

图 2-7　打开"大纲"窗格　　　　　　　　　　图 2-8　设置显示比例

Step 05 此时，即可查看更改显示比例后的效果，如图 2-9 所示。

Step 06 还可以在窗口状态栏中拖动"显示比例"滑块来调整幻灯片的显示，非常方便和直观，如图 2-10 所示。

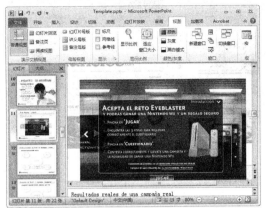

图 2-9　查看更改显示比例效果

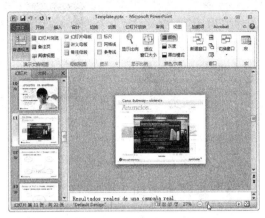

图 2-10　拖动显示比例滑块

Step 07 在"显示比例"组中单击"适应窗口大小"按钮，或在状态栏中单击"适应窗口大小"按钮，可以使幻灯片的显示比例适应窗口的大小，如图 2-11 所示。

Step 08 在"视图"选项卡的"显示"组中选中"标尺""网格线"和"参考线"复选框，可以在幻灯片中显示这些辅助线，如图 2-12 所示。

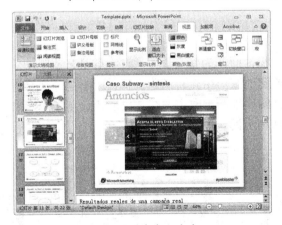

图 2-11　设置适应窗口大小

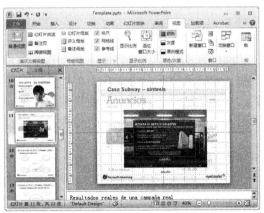

图 2-12　显示标尺、网格线和参考线

2. 幻灯片浏览视图

幻灯片浏览视图是以最小化的形式显示演示文稿中的所有幻灯片，在这种视图下可以进行幻灯片顺序调整、幻灯片动画设计、幻灯片放映设置和幻灯片切换设置等操作。

在"视图"选项卡下单击"幻灯片浏览"按钮即可进入幻灯片浏览视图，此时将隐藏普通视图下的幻灯片编辑区域，而只显示幻灯片的缩略图，如图 2-13 所示。

在浏览视图模式下，同样可以对幻灯片缩略图的大小进行更改，更改方法和普通视图的方法一样，直接拖动状态栏中的"显示比例"滑块即可，如图 2-14 所示。

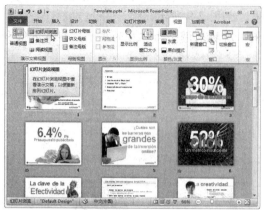

图 2-13　幻灯片浏览视图

图 2-14　调整显示比例

3. 备注页视图

备注页视图模式是用来编辑备注页的，备注页分为两部分：上半部分是幻灯片的缩小图像，下半部分是文本预留区。用户可以一边观看幻灯片的缩小图像，一边在文本预留区内输入幻灯片的备注内容，如图 2-15 所示。

备注页的备注部分可以有自己的方案，它与演示文稿的配色方案彼此独立，在打印演示文稿时，可以选择只打印备注页。若要将内容或格式应用于幻灯片中的所有备注页，可更改备注母版。

4. 阅读视图

阅读视图用于在自己的电脑上查看演示文稿，而非为受众（如通过大屏幕）放映演示文稿。如果希望在一个设有简单控件以方便审阅的窗口中查看演示文稿，而不想使用全屏的幻灯片放映视图，则可以使用阅读视图。在阅读视图下右击，在弹出的快捷菜单中包含了很多放映时的命令选项，可以根据需要选择相应的选项，如图 2-16 所示。

图 2-15　备注页视图

图 2-16　阅读视图

若要退出阅读视图，可直接按【Esc】键，或者单击状态栏中的视图切换按钮。

实训 4　将命令添加到快速访问工具栏

将常用的功能命令添加到快速访问工具栏，可以提高操作效率，具体操作方法如下。

Step 01 选择"插入"选项卡，右击"图片"按钮，在弹出的快捷菜单中选择"添加到快速访问工具栏"命令，如图 2-17 所示。

Step 02 此时，即可将"图片"按钮添加到快速访问工具栏中，单击该按钮即可打开"插入图片"对话框，如图 2-18 所示。

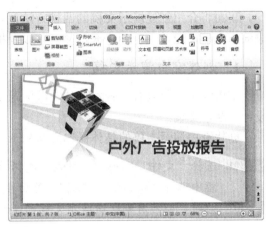

图 2-17　选择"添加到快速访问工具栏"命令　　　图 2-18　将命令添加到快速访问工具栏

Step 03 单击"快速访问工具栏"右侧的下拉按钮，在弹出的列表中选择"其他命令"选项，如图 2-19 所示。

Step 04 弹出"PowerPoint 选项"对话框，从中可在快速访问工具栏中添加或删除功能按钮，以及对按钮进行排序，如图 2-20 所示。

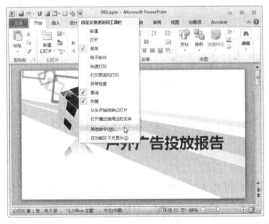

图 2-19　选择"其他命令"选项　　　图 2-20　自定义快速访问工具栏

2.2 演示文稿的基本操作

本任务主要学习演示文稿的基本操作，内容主要包括创建演示文稿、保存演示文稿、打开演示文稿和关闭演示文稿。

实训 1　创建演示文稿

下面将介绍创建演示文稿的四种方法，其中包括创建空白演示文稿，通过样本模板创建演示文稿，通过主题创建演示文稿，以及根据现有内容创建演示文稿。

1. 创建空白演示文稿

空白演示文稿只有一张幻灯片，即标题幻灯片，它是不含有任何主题设计、没有背景设计的演示文稿。

创建空白演示文稿的具体操作方法如下。

Step 01 选择"文件"选项卡，在左侧选择"新建"选项，在"可用的模板和主题"列表框中选择"空白演示文稿"，然后在右侧单击"创建"按钮，如图 2-21 所示。

Step 02 此时，即可看到空白演示文稿已经创建成功，如图 2-22 所示。

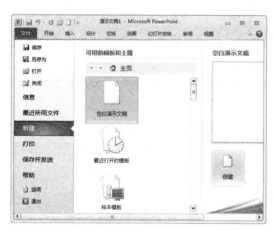

图 2-21　单击"空白演示文稿"按钮

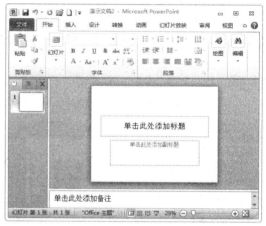

图 2-22　创建空白演示文稿

2. 通过样本模板创建演示文稿

若要使演示文稿的普通幻灯片中包含精心编排的元素和颜色、字体、效果、样式以及版式，可以使用模板来创建演示文稿。用户可以使用 PowerPoint 2010 内置的模板，也可以从 Microsoft Office.com 或第三方网站下载模板。通过样本模板创建演示文稿的具体操作方法如下。

Step 01 选择"文件"选项卡，在左侧选择"新建"选项，在中间的"可用的模板和主题"列表框中单击"样本模板"按钮，如图 2-23 所示。

Step 02 此时，将显示样本模板列表，从中选择所需的模板，在右侧预览模板效果，单击
"创建"按钮，即可创建演示文稿，如图 2-24 所示。

图 2-23　单击"样本模板"按钮

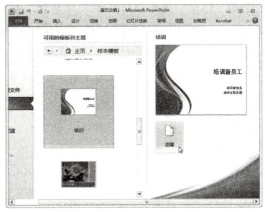

图 2-24　选择模板类型

3. 通过主题创建演示文稿

PowerPoint 2010 提供了多种设计主题，包含协调配色方案、背景、字体样式和占位符
位置等。使用预先设计的主题，可以轻松快捷地更改演示文稿的整体外观。在默认情况下，
PowerPoint 会将普通 Office 主题应用于新的空演示文稿。也可以通过应用不同的主题来轻
松地更改演示文稿的外观，具体操作方法如下。

Step 01 选择"文件"选项卡，在左侧选择"新建"选项，在中间的"可用的模板和主题"
列表框中单击"主题"按钮，如图 2-25 所示。

Step 02 此时，将显示主题列表，从中选择所需的主题，在右侧预览主题效果，单击"创
建"按钮，即可创建演示文稿，如图 2-26 所示。

图 2-25　单击"主题"按钮

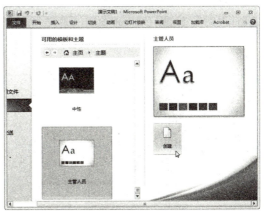

图 2-26　选择主题方案

4. 根据现有内容创建演示文稿

根据现有内容创建演示文稿，可以进一步对现有演示文稿进行编辑，在原有样式的基
础上形成新的演示文稿，具体操作方法如下。

Step 01 选择"文件"选项卡，在左侧选择"新建"选项，在中间的"可用的模板和主题"列表框中单击"根据现有内容新建"按钮，如图 2-27 所示。

Step 02 弹出"根据现有演示文稿新建"对话框，查找并选中已有的演示文稿，然后单击"新建"按钮即可，如图 2-28 所示。

图 2-27　单击"根据现有内容新建"按钮　　　　图 2-28　选择演示文稿

实训 2　保存演示文稿

演示文稿创建完毕后，即可对其进行保存，下面将介绍几种保存演示文稿常用的方法。

1. 单击"保存"按钮或使用快捷键进行保存

要保存文稿，可在 PowerPoint 2010 的快速访问工具栏中单击"保存"按钮 或直接按【Ctrl+S】组合键，如图 2-29 所示。也可以选择"文件"选项卡，然后在左侧单击"保存"按钮，如图 2-30 所示。

图 2-29　单击快速访问工具栏"保存"按钮　　　　图 2-30　单击"文件"选项卡"保存"按钮

2. 另存为演示文稿

若要将演示文稿保存为一个副本，或保存为其他格式，可以将其另存。在"文件"选项卡下单击"另存为"按钮,如图 2-31 所示。此时,将弹出"另存为"对话框,从中选择保存位置,然后选择保存类型,单击"保存"按钮即可,如图 2-32 所示。

图 2-31　单击"另存为"按钮

图 2-32　"另存为"对话框

实训 3　打开演示文稿

对于已经保存在硬盘上的演示文稿,要想对其进行编辑、排版和放映等操作,首先需要将其打开。要打开指定的演示文稿很简单,就像打开其他类型的文件一样,双击演示文稿文件即可。也可以使用以下方法来打开演示文稿。

1.　打开最近所用文件

PowerPoint 2010 会显示用户在该程序中最后打开的若干个文档,以便可以使用这些链接快速访问相应的文件,具体操作方法如下。

选择"文件"选项卡,在左侧选择"最近所用文件"选项,然后在"最近使用的演示文稿"列表中选择要打开的文件,如图 2-33 所示。此时即可打开相应的演示文稿,如图 2-34 所示。

图 2-33　选择最近所用文件

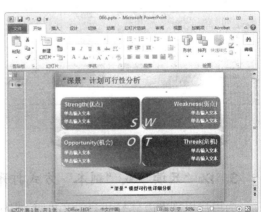

图 2-34　打开演示文稿

2. 通过"打开"对话框打开演示文稿

通过"打开"对话框打开演示文稿的具体操作方法如下。

Step 01 选择"文件"选项卡,在左侧单击"打开"按钮,如图 2-35 所示。也可通过按【Ctrl+O】组合键来打开"打开"对话框。

Step 02 此时将弹出"打开"对话框,找到演示文稿的存放位置,也可根据需要从中搜索演示文稿,如图 2-36 所示。

图 2-35 单击"打开"按钮

图 2-36 "打开"对话框

Step 03 在"打开"对话框中单击"更改您的视图"下拉按钮,在弹出的列表中将滑块拖至"大图标"选项上,此时即可查看演示文稿的缩略图,以便于快速找到目标文件,如图 2-37 所示。

Step 04 要同时打开多个演示文稿,只需在按住【Ctrl】键的同时单击演示文稿,然后单击"打开"按钮即可,如图 2-38 所示。

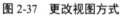

图 2-37 更改视图方式

图 2-38 选择演示文稿

3. 以"只读"或"副本"方式打开

当用户以副本方式打开演示文稿时,程序将创建文件的副本,并且用户查看的是副本。用户所做的任何更改将保存到该副本中。程序为副本提供新名称,默认情况下是在文件名的开头添加"副本 (1)"。而当用户以只读方式打开演示文稿时,查看的是原始文件,但无法保存对它的更改，只能将其另存为成另一名称。因此，可以得知以这两种方式打开演示文稿，对其原始文件不会造成更改，具体操作方法如下。

Step 01 打开"打开"对话框，选择要打开的演示文稿，然后单击"打开"按钮右侧的下拉按钮，如图 2-39 所示。

Step 02 在弹出的列表中选择"以只读方式打开"命令，如图 2-40 所示。

图 2-39　单击"打开"下拉按钮

图 2-40　选择打开方式

Step 03 此时，即可以"只读"方式打开演示文稿，如图 2-41 所示。

Step 04 若在上一步操作中选择"以副本方式打开"命令，则程序将为演示文稿创建一个副本文件并将其打开，如图 2-42 所示。

图 2-41　以只读方式打开

图 2-42　以副本方式打开

实训 4　关闭演示文稿

当演示文稿编辑完成或暂时不需要时，则可以将其关闭，可以通过以下几种方法来关闭演示文稿。

方法 1：单击"关闭"按钮

单击 PowerPoint 窗口右上角的"关闭"按钮，即可关闭演示文稿，如图 2-43 所示。

方法 2: 通过程序图标关闭

单击 PowerPoint 窗口左上角的程序图标，在弹出的下拉菜单中选择"关闭"选项，即可关闭演示文稿，如图 2-44 所示。当双击程序图标时，也可直接关闭演示文稿。

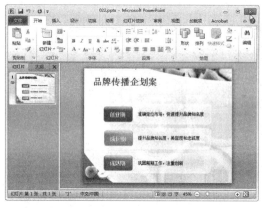

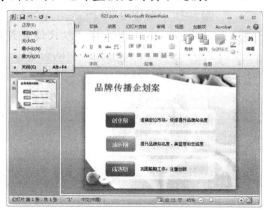

图 2-43　单击"关闭"按钮　　　　　　　　图 2-44　选择"关闭"选项

方法 3: 通过标题栏关闭

在 PowerPoint 窗口的标题栏上右击，在弹出的快捷菜单中选择"关闭"命令，即可关闭演示文稿，如图 2-45 所示。

方法 4: 通过快捷键关闭

按【Ctrl+W】或【Alt+F4】组合键，也可直接关闭当前编辑的演示文稿。

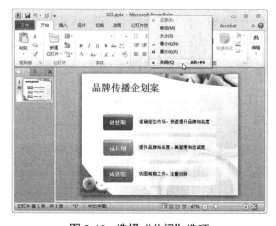

图 2-45　选择"关闭"选项　　　　　　　　图 2-46　单击"关闭"按钮

实训 5　为演示文稿加密

为了保护演示文稿的完整性和机密性，可以对演示文稿进行加密，以限制他人修改和查看。为演示文稿添加打开密码的具体操作方法如下。

Step 01 选择"文件"选项卡，在左侧选择"信息"选项，在右侧单击"保护演示文稿"下拉按钮，选择"用密码进行加密"选项，如图 2-47 所示。

Step 02 弹出"加密文档"对话框，从中设置密码，单击"确定"按钮，如图 2-48 所示。此时，将弹出"确认密码"对话框，从中重新输入密码进行确认即可。

图 2-47　选择"用密码进行加密"选项

图 2-48　设置加密密码

2.3　幻灯片的基本操作

本节将学习幻灯片的基本操作，如选择幻灯片、插入幻灯片、删除幻灯片、复制幻灯片、移动幻灯片以及隐藏于显示幻灯片。

实训 1　选择幻灯片

在对演示文稿进行编辑时，选择幻灯片是最基本的操作，具体操作方法如下。

（1）选择单张幻灯片。在"幻灯片"窗格中单击需要选择的幻灯片，即可选中该幻灯片，如图 2-49 所示。

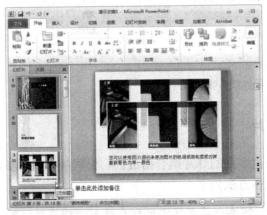
图 2-49　选择单张幻灯片

（2）选择不连续的多张幻灯片。选择第一张幻灯片，然后按住【Ctrl】键不放，依次单击其他幻灯片，即可选择不连续的多张幻灯片，如图 2-50 所示。

图 2-50　选择不连续多张幻灯片

（3）选择连续的多张幻灯片。选择第一张幻灯片，然后按住【Shift】键不放，单击需要选中的最后一张幻灯片，即可选择连续的多张幻灯片，如图 2-51 所示。

（4）全部选择幻灯片。将光标定位到"幻灯片"窗格中，按【Ctrl+A】组合键，即可选择全部幻灯片，如图 2-52 所示。

图 2-51　选择连续多张幻灯片

图 2-52　选择全部幻灯片

实训 2　插入幻灯片

一个演示文稿是由多张幻灯片组合而成的，根据制作的需要，需要在演示文稿中插入新的幻灯片，具体操作方法如下。

Step 01　在"幻灯片"窗格中将光标定位到要插入幻灯片的位置，如图 2-53 所示。

Step 02 按【Enter】键确认，即可插入与上一张幻灯片相同版式的新幻灯片，如图 2-54 所示。

图 2-53　定位插入位置

图 2-54　插入新幻灯片

Step 03 在"开始"选项卡的"幻灯片"组中单击"新建幻灯片"下拉按钮，在弹出的列表中选择所需的版式，如图 2-55 所示。

Step 04 此时，即可插入一张所选版式的新幻灯片，如图 2-56 所示。

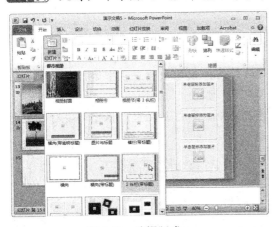

图 2-55　选择版式

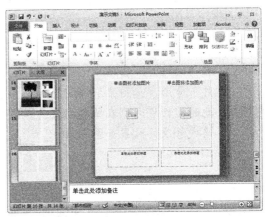

图 2-56　插入新幻灯片

实训 3　删除幻灯片

对于不再需要的幻灯片，可以将其删除，方法为：在"幻灯片/大纲"窗格中选择要删除的幻灯片，然后按【Delete】键即可。或者右击要删除的幻灯片，在弹出的快捷菜单中选择"删除幻灯片"命令，如图 2-57 所示。

此时，可以看到第 5 张幻灯片已被删除，效果如图 2-58 所示。

图 2-57　选择"删除幻灯片"命令　　　　　图 2-58　查看删除幻灯片效果

实训 4　复制幻灯片

如果希望创建两张或多张内容和布局都类似的幻灯片，则可以通过创建一张具有两张幻灯片都共享的所有格式和内容的幻灯片，然后复制该幻灯片来保存工作，最后向每个幻灯片单独添加最终的风格即可。可以在同一演示义稿内复制幻灯片，也可以在不同的演示文稿间进行复制幻灯片操作，方法如下。

方法 1：通过"复制幻灯片"命令复制

Step 01　在"幻灯片"窗格中右击要复制的幻灯片，在弹出的快捷菜单中选择"复制幻灯片"命令，如图 2-59 所示。

Step 02　此时，即可看到在所选幻灯片下方出现新复制的幻灯片，可以根据需要对其进行格式修改，效果如图 2-60 所示。

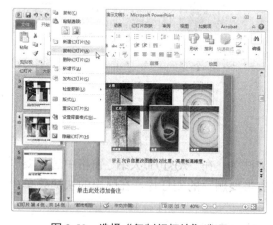

图 2-59　选择"复制幻灯片"选项　　　　　图 2-60　查看复制幻灯片效果

方法 2：使用"复制"和"粘贴"按钮

使用"复制"和"粘贴"按钮可以将复制的幻灯片粘贴到演示文稿中的任意位置，具体操作方法如下。

Step 01 在"幻灯片"窗格中选中要复制的幻灯片，然后在"开始"选项卡的"剪贴板"组中单击"复制"按钮 ，如图 2-61 所示。

Step 02 将光标置于要粘贴幻灯片的位置，然后单击"剪贴板"组中"粘贴"按钮 即可，如图 2-62 所示。

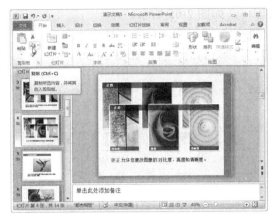

图 2-61　单击"复制"按钮

图 2-62　单击"粘贴"按钮

方法 3：使用快捷键复制幻灯片

选择幻灯片后按【Ctrl+C】组合键进行复制操作，然后将光标定位到目标位置，直接按【Ctrl+V】组合键进行粘贴操作即可。

方法 4：将幻灯片粘贴为图片

通过复制操作，还可以将幻灯片作为一张图片粘贴到其他幻灯片之中，具体操作方法如下。

Step 01 复制幻灯片后，单击"粘贴"下拉按钮，选择"图片"选项，如图 2-63 所示。

Step 02 此时，即可将幻灯片以图片的形式粘贴到当前幻灯片中，如图 2-64 所示。

图 2-63　选择"图片"选项

图 2-64　粘贴为图片格式

实训 6 移动幻灯片

移动幻灯片即调整幻灯片之间的顺序，具体操作方法如下。

（1）在普通视图中移动幻灯片。在普通视图中要移动幻灯片，只需在幻灯片上按住鼠标左键并拖动，到目标位置后释放鼠标左键即可，如图 2-65 所示。

（2）在浏览视图中移动幻灯片。切换到幻灯片浏览视图，选中幻灯片并拖动鼠标，此时将出现一条竖线，竖线的位置代表着幻灯片要移动到的位置，如图 2-66 所示。

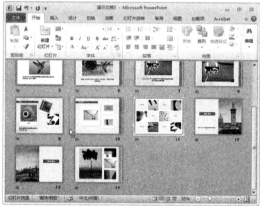

图 2-65 在普通视图中移动幻灯片　　　　图 2-66 在幻灯片浏览视图中移动幻灯片

实训 7 隐藏与显示幻灯片

用户可以将部分幻灯片隐藏起来，以便在放映时不会出现，但在编辑过程中是可以看到的。隐藏幻灯片的具体操作方法如下。

（1）在"幻灯片/大纲"窗格中右击要隐藏的幻灯片，在弹出的快捷菜单中选择"隐藏幻灯片"命令，如图 2-67 所示。再次选择该命令，即可显示隐藏的幻灯片。

（2）也可以在"幻灯片放映"选项卡下"设置"组中单击"隐藏幻灯片"按钮，设置隐藏后的幻灯片在其序号上会显示一个方框，效果如图 2-68 所示。

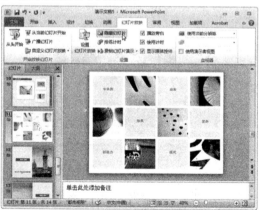

图 2-67 选择"隐藏幻灯片"命令　　　　　图 2-68 单击"隐藏幻灯片"按钮

2.4　使用节组织幻灯片

如果遇到一个庞大的演示文稿，其幻灯片标题和编号混杂在一起，且又不能导航演示文稿时，可以使用新增的节功能来组织幻灯片。通过对幻灯片进行标记并将其分为多个节，可以与他人协作创建演示文稿，如每个同事可以负责准备单独一节的幻灯片。还可以对整个节进行打印或应用效果。使用节组织幻灯片就像使用文件夹组织文件一样，在本节中将详细介绍节的操作方法。

实训 1　新增节

下面将介绍如何在演示文稿中插入节，具体操作方法如下。

Step 01 选择"开始"选项卡，将光标定位在第一张幻灯片的上方，在"幻灯片"组中单击"节"下拉按钮，在弹出的下拉列表中选择"新增节"选项，如图 2-69 所示。

Step 02 此时，即可新增一个节标签，效果如图 2-70 所示。

图 2-69　选择"新增节"选项　　　　　　　图 2-70　查看新增节效果

Step 03 使用相同方法在演示文稿中需要添加节的位置增加其他节标签，如图 2-71 所示。

Step 04 单击任务栏中的"幻灯片浏览"按钮，切换到幻灯片浏览视图中，可以看到幻灯片是以"节"为单位进行浏览的，如图 2-72 所示。

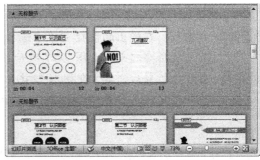

图 2-71　增加其他节　　　　　　　图 2-72　在幻灯片浏览视图下查看节

实训 2　重命名节

用户可以对添加的节进行重命名，以标识各节的含义，具体操作方法如下。

Step 01　右击要重命名节标签，在弹出快捷菜单中选择"重命名节"命令，如图 2-73 所示。

Step 02　弹出"重命名节"对话框，输入节名称，然后单击"重命名"按钮即可，如图 2-74 所示。选中节标签后按【F2】键，也可以对节进行重命名。

图 2-73　选择"重命名节"命令

图 2-74　重命名节

实训 3　折叠/展开节

通过折叠节和展开节可以快速组织或定位幻灯片，具体操作方法如下。

Step 01　单击每节标签左侧的"折叠节"按钮或双击节标签，如图 2-75 所示。

Step 02　此时该节即被折叠起来，效果如图 2-76 所示。

图 2-75　单击"折叠节"按钮

图 2-76　查看折叠节效果

Step 03　右击节，在弹出的快捷菜单中选择"全部折叠"命令，即可将演示文稿中所有的节一次折叠起来，如图 2-77 所示。

Step 04　当节被折叠后，其左侧的按钮就会变成"展开节"按钮，单击该按钮或双击节标签即可将该节展开，如图 2-78 所示。

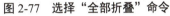
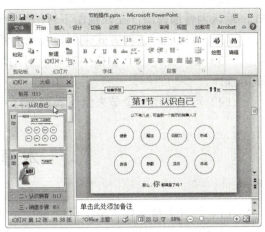

图 2-77　选择"全部折叠"命令
图 2-78　展开节

实训 4　删除/移动节

当不再需要节时，可右击节标签，在弹出的快捷菜单中选择"删除节"命令，如图 2-79 所示。若要连同节中的幻灯片也一起删除，可选择"删除节和幻灯片"命令。

若要移动节的位置，只需在要移动的节标签上按住鼠标左键并拖动，到目标位置后释放鼠标左键即可，如图 2-80 所示。

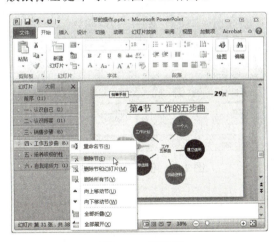
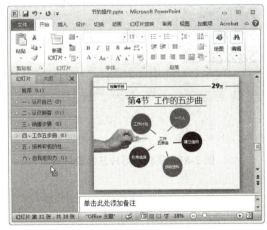

图 2-79　删除节
图 2-80　移动节

本章小结

本章主要介绍了 PowerPoint 2010 中演示文稿、幻灯片的基本操作以及节的用法，通过本章的学习，读者应重点掌握以下知识。

（1）演示文稿包括普通视图、幻灯片浏览视图、阅读视图和备注页视图四种视图方式，默认为普通视图，在该视图下对幻灯片进行编辑操作。

（2）可以通过多种方式来创建演示文稿，用户可根据实际情况选择最为合适的。

（3）在"幻灯片"窗格中对可以对幻灯片进行选择、插入、删除、复制、移动、隐藏等操作。

（4）可以使用多个节来组织大型幻灯片版面，以简化管理和导航。

本章习题

（1）打开素材文件"员工素质.pptx"，在"幻灯片浏览"视图下复制第 3 张幻灯片，然后分别修改各幻灯片中的内容（内容素材详见"员工素质.txt"），效果如图 2-81 所示。

操作提示：

在幻灯片浏览视图下，按住【Ctrl】键的同时拖动幻灯片即可复制幻灯片。

（2）打开素材文件"优秀团队.pptx"，在"幻灯片浏览"视图下创建节，对演示文稿中的幻灯片进行组织，效果如图 2-82 所示。

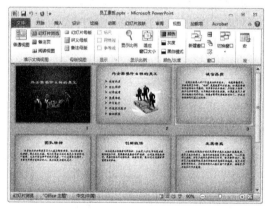

图 2-81　复制幻灯片并修改内容

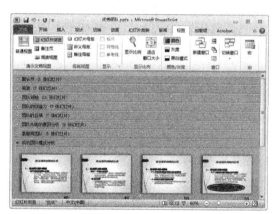

图 2-82　使用节组织幻灯片

第3章 制作文本型幻灯片

【本章导读】

在幻灯片设计中，文字是使用得最多的元素。文本型幻灯片主要由文字组成，而为文字设置一种好的格式则是制作文本型幻灯片的关键。本章将介绍如何在幻灯片中输入文本并设置格式以及制作文本型幻灯片常用的一些技巧，使读者能够在短时间内制作出具有专业水准的文本型幻灯片。

【本章目标】

➢ 能够熟练地在幻灯片中添加文本并设置合适的格式。
➢ 掌握文本型幻灯片的设计技巧。

3.1 在幻灯片中添加文本

用户可以使用多种方式向幻灯片中输入文本，如直接在内容占位符中输入文本、通过"大纲"窗格输入文本、使用文本框输入文本，从外部粘贴文本等，在本节中，将分别对其进行介绍。

实训1 在内容占位符中输入文本

在幻灯片中占位符表现为一种带有虚线边缘的框，绝大部分幻灯片版式中都有这种框。在这些框内可以放置标题及正文，或者图表、表格和图片等对象。下面将介绍如何在内容占位符中输入文本，具体操作方法如下：

Step **01** 打开素材文件"职场素质.pptx"，选择第1张幻灯片，在标题占位符中单击，如图3-1所示。

Step **02** 此时，即可将光标定位到标题占位符中，输入所需的标题文本，如图3-2所示。

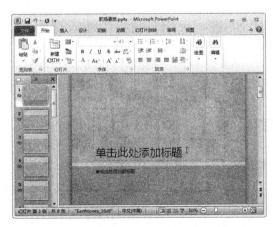

图3-1 在标题占位符中单击

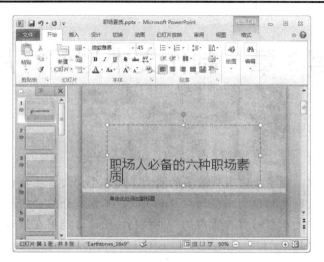

图 3-2　输入标题文本

Step 03 将光标定位到"职场人"后面，按【Enter】键进行换行，如图 3-3 所示。

Step 04 使用同样的方法，在副标题占位符中输入所需的内容，如图 3-4 所示。

图 3-3　文本换行

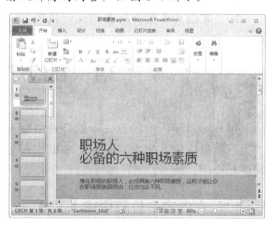

图 3-4　在副标题占位符中输入文本

实训 2　在"大纲"窗格中输入文本

"大纲"视图下是撰写内容的理想场所，在此不仅可以编辑当前幻灯片的内容，还可以看到前后幻灯片中的内容，以进行对照，有效地计划如何表述它们。在"大纲"窗格中输入文本的具体操作方法如下。

Step 01 在 PowerPoint 2010 程序窗口左侧的"幻灯片大纲"窗格中选择"大纲"选项卡，切换到"大纲"窗格，如图 3-5 所示。

Step 02 在"大纲"窗格中，将光标定位到第 2 张幻灯片，并输入所需的文本，如图 3-6 所示。此时，在幻灯片编辑区中可以看到所输的文本显示在"标题"占位符中。

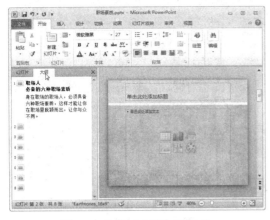

图 3-5　选择"大纲"选项卡

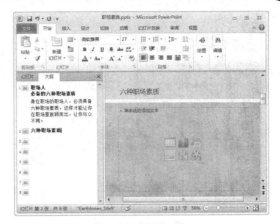

图 3-6　输入标题文本

Step 03 在"大纲"窗格中，将光标定位到标题文本后，按【Enter】键即可插入一张新的幻灯片，如图 3-7 所示。

Step 04 按【Tab】键进行降级，由"标题"级别降级为"内容"级别，输入所需文本，如图 3-8 所示。此时，在幻灯片编辑区中可以看到所输入的文本显示在"内容"占位符中。若要进行升级处理，可按【Shift+Tab】组合键。

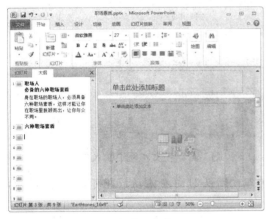

图 3-7　插入幻灯片

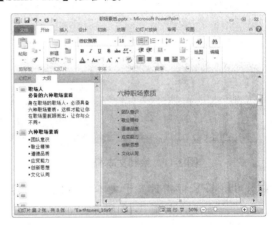

图 3-8　降级并输入内容文本

实训 3　使用文本框输入文本

若要在幻灯片中的任意位置输入文本，则可以使用文本框，具体操作方法如下。

Step 01 选择"插入"选项卡，在"文本"组中单击"文本框"下拉按钮，选择"横排文本框"选项，如图 3-9 所示。

Step 02 在幻灯片中单击，即可插入横排文本框，如图 3-10 所示。

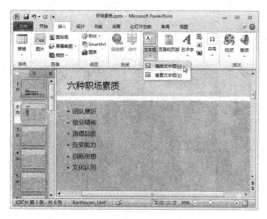

图 3-9　选择"横排文本框"选项　　　　图 3-10　插入文本框

Step 03　也可以拖动鼠标来绘制横排文本框，以确定文本框的宽度，如图 3-11 所示。

Step 04　创建文本框后，在其中直接输入所需的文本即可，如图 3-12 所示。

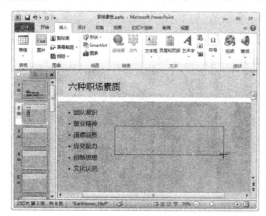
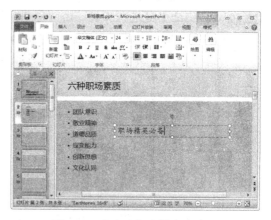

图 3-11　绘制文本框　　　　　　图 3-12　在文本框中输入文本

Step 05　将鼠标指针置于文本框右侧，当其变为双向箭头时向左拖动，即可调整文本框的宽度，如图 3-13 所示。

Step 06　当文本框的宽度小于其中文本的宽度时，文本将进行自动换行，如图 3-14 所示。

图 3-13　调整文本框宽度　　　　　　图 3-14　文本自动换行

Step 07 拖动文本框即可调整其位置,拖动文本框上方的旋转柄可改变文字方向,如图 3-15 所示。

Step 08 文本框编辑完成后,单击幻灯片的其他位置即可,如图 3-16 所示。

图 3-15 调整位置并旋转文本框

图 3-16 查看文本框效果

实训 4 从外部粘贴文本

若文本内容来自于 Word 文档、Excel 表格或网页等其他程序,则可以将文本直接粘贴到幻灯片中并删除原有的格式,具体操作方法如下:

Step 01 在网页上选中要粘贴到幻灯片中的文本,按【Ctrl+C】组合键进行复制,如图 3-17 所示。

Step 02 选择第 3 张幻灯片,将光标定位到"内容"占位符中并删除项目符号,在"开始"选项卡下单击"粘贴"下拉按钮,选择"只保留文本"选项,如图 3-18 所示。此时,即可将网页中的文本粘贴到幻灯片中。

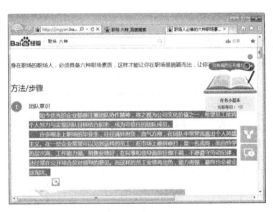

图 3-17 复制网页文本

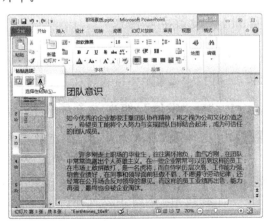

图 3-18 选择"只保留文本"选项

Step 03 根据需要删除文本中多余的空格，如图 3-19 所示。

Step 04 在网页上复制文本后，可以直接按【Ctrl+V】组合键进行粘贴操作，此时将自动出现"粘贴选项"按钮，单击该按钮，选择"只保留文本"选项即可，如图 3-20 所示。

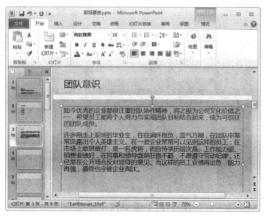

图 3-19　删除多余空格

图 3-20　选择"只保留文本"选项

3.2　设置字体与段落格式

在幻灯片中添加内容后，应根据需要对其字体和段落格式进行必要的设置，以增强和美化文本的显示效果，从而增加可读性。在本节中，将详细介绍如何设置文本的字体与段落格式。

实训 1　设置字体格式

用户可以通过多种方式来设置文本的字体格式，如在"字体"组中设置字体格式、在浮动工具栏中设置字体格式、在"字体"对话框中设置字体格式，下面将分别进行介绍。

1. 在"字体"组中设置字体格式

Step 01 选择第 1 张幻灯片，选中标题文本框，在"开始"选项卡下"字体"组中设置字体、字号、文本颜色等格式，如图 3-21 所示。

Step 02 选择文本"职场人"，在"字体"组设置字号和文本颜色，然后单击"文字阴影"按钮，如图 3-22 所示。

图 3-21　设置标题文本字体格式

图 3-22　设置所选文本字体格式

2. 在浮动工具栏中设置字体格式

Step 01 选中内容文本框并右击，此时将显示浮动工具栏，如图 3-23 所示。

Step 02 在浮动工具栏中设置字体和字号，如图 3-24 所示。

图 3-23　显示浮动工具栏

图 3-24　在浮动工具栏中设置字体格式

3. 在 "字体" 对话框中设置字体格式

Step 01 选中内容文本框，单击 "字体" 组右下角的扩展按钮，如图 3-25 所示。

Step 02 弹出 "字体" 对话框，从中可设置 "西文字体" 和 "中文字体" 样式，还可以进行更丰富的文本效果设置，如图 3-26 所示。

图 3-25　单击扩展按钮

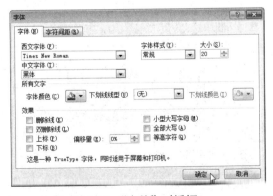

图 3-26　"字体" 对话框

实训2　设置对齐方式

通过设置对齐方式可以更改文本在文本框中的位置，设置文本的对齐方式包括段落对齐方式和文本框对齐方式，下面分别进行介绍。

1. 设置段落对齐方式

段落的对齐方式是指文本在占位符中的对齐方式，其具体操作方式如下。

Step 01 调整标题文本框的位置，在"段落"组中单击"居中"按钮，即可设置段落居中对齐，如图 3-27 所示。

Step 02 也可以右击文本框，在弹出的浮动工具栏中设置段落的对齐方式，如图 3-28 所示。

图 3-27　居中对齐文本

图 3-28　在浮动工具栏中设置对齐方式

2. 设置文本框对齐方式

设置文本框对齐方式的具体操作方法如下。

Step 01 选择第 3 张幻灯片，选中内容文本框，在"段落"组中单击"对齐文本"按钮，如图 3-29 所示。

Step 02 在弹出的列表中选择"底端对齐"选项，查看对齐效果，如图 3-30 所示。

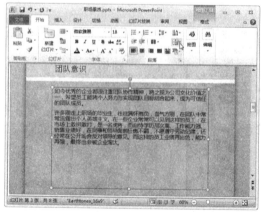

图 3-29　单击"对齐文本"按钮

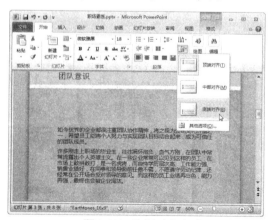

图 3-30　选择对齐方式

实训 3　设置字符间距

字符间距指的是字符与字符之间的距离，通过设置字符间距可以使文档的页面布局更符合实际需要。设置字符间距的具体操作方法如下。

Step 01 选择第 1 张幻灯片，选中文本"职场人"，单击"字体"组右下角的扩展按钮 ，如图 3-31 所示。

Step 02 弹出"字体"对话框，选择"字符间距"选项卡，输入字符间距，然后单击"确定"按钮，如图 3-32 所示。

图 3-31　单击扩展按钮

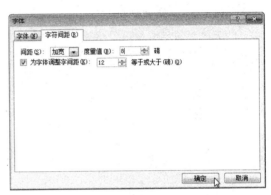

图 3-32　"字体"对话框

Step 03 此时，即可查看加宽字符间距后的文本效果，如图 3-33 所示。

Step 04 也可在"字体"组中单击"字符间距"下拉按钮，在弹出的列表中选择所需的间距选项，如图 3-34 所示。

图 3-33　查看加宽字符间距后的效果

图 3-34　选择字符间距选项

实训 4　字号自动缩放

在默认情况下，当文本内容超过文本框大小后，将自动减小文本的字号，若要避免这种情况的发生，可执行以下操作。

Step 01 将光标定位到"职场人"后面，按【Enter】键插入空行，此时，可以发现"职场人"文本的字会自动减小。单击文本框左下方的"自动调整选项"按钮，选择"停止根据此占位符调整文本"选项，如图 3-35 所示。

Step 02 此时，"职场人"文本的字将恢复为原来的大小，如图 3-36 所示。当然，也可通过调大文本框来避免文本的字自动变小。

图 3-35 停止根据占位符调整文本

图 3-36 查看文本效果

实训 5 段落格式

通过段落格式设置，可以设置段落首行缩进、段落间距、行距等，下面将对其进行详细介绍。

1. 设置首行缩进

首行缩进即段落文本中第一行左侧与文本框左边框的距离，设置段落首行缩进的具体操作方法如下。

Step 01 选中内容文本框，单击"段落"组右下角的扩展按钮，如图 3-37 所示。

Step 02 弹出"段落"对话框，在"特殊格式"下拉列表中选择"首行缩进"选项，然后单击"确定"按钮，如图 3-38 所示。

图 3-37 单击扩展按钮

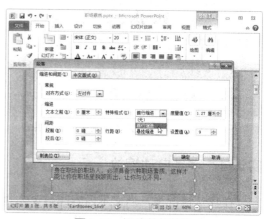
图 3-38 设置首行缩进

Step 03 此时，内容文本框中的文本即可应用首行缩进效果，如图 3-39 所示。另外，选中文本并右击，在弹出的快捷菜单中选择"段落"命令，也会打开"段落"对话框，如图 3-40 所示。

图 3-39　查看首行缩进效果

图 3-40　选择"段落"命令

2. 设置行距与段落间距

段落与段落之间的距离叫做段间距，包括段前间距和段后间距；行距则是指段落中行与行之间的距离。设置段落间距和行距的具体操作方法如下。

Step 01 选择第 3 张幻灯片，按照前面的方法设置文本首行缩进。选中内容文本框，单击"段落"组右下角的扩展按钮，如图 3-41 所示。

Step 02 弹出"段落"对话框，设置"段前"间距为 15 磅，"行距"为 1.2，然后单击"确定"按钮，如图 3-42 所示。

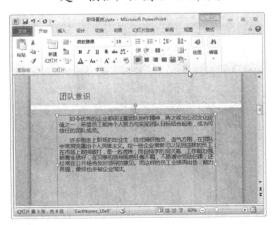

图 3-41　单击扩展按钮

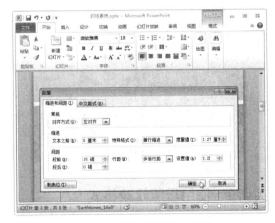

图 3-42　设置段落间距和行距

Step 03 此时，即可查看设置了段落间距和行距的文本效果，如图 3-43 所示。

Step 04 选择第 2 张幻灯片，选中内容文本框，在"段落"组中单击"行距"下拉按钮，在弹出的列表中也可以设置行距，如图 3-44 所示。

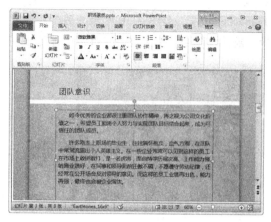

图 3-43　查看段落效果

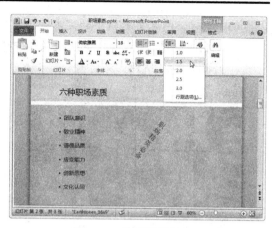

图 3-44　选择行距选项

实训 6　更改文本方向

默认情况下文本的方向为从左向右，可根据需要更改文本的方向，具体操作方法如下。

Step 01 选择第 3 张幻灯片，选中内容文本框，在"段落"组中单击"文字方向"下拉按钮，在弹出的列表中选择"竖排"选项，查看设置效果，如图 3-45 所示。

Step 02 在"文字方向"下拉列表中选择"所有文字旋转 270°"选项，查看文字效果，如图 3-46 所示。

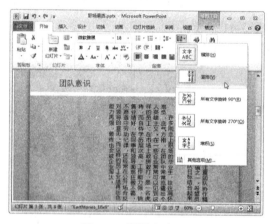

图 3-45　竖排文字

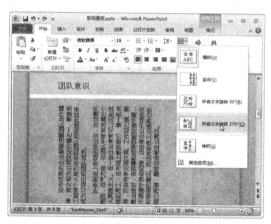

图 3-46　文字旋转 270°

实训 7　使用母版修改格式

在演示文稿中插入的每张幻灯片，均为母版中的某个版式，通过修改该版式的格式，可以统一改变应用了该版式的幻灯片格式。使用母版修改文本格式的具体操作方法如下。

Step 01 选择"视图"选项卡，单击"幻灯片母版"按钮，即可切换到母版视图，如图 3-47 所示。

Step 02 在左窗格选择"标题和内容"版式幻灯片，如图 3-48 所示。

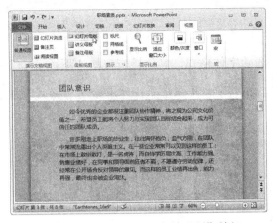

图 3-47　单击"幻灯片母版"按钮

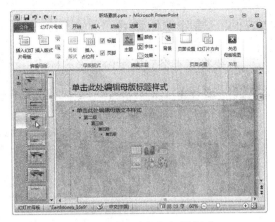

图 3-48　选择幻灯片版式

Step 03 选中"标题"占位符，在"字体"组中设置字体样式、字号、文本颜色等，如图 3-49 所示。

Step 04 选中"内容"占位符，在"字体"组中设置字体样式，如图 3-50 所示。

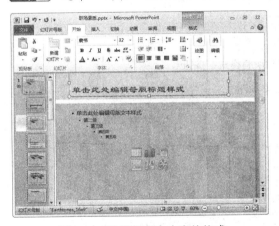

图 3-49　设置标题文本字体格式

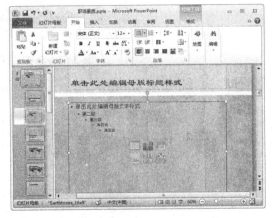

图 3-50　设置内容文本字体格式

Step 05 在程序下方的任务栏中单击"普通视图"按钮，切换到普通视图，选择第 3 张幻灯片，查看字体效果，如图 3-51 所示。

Step 06 选择第 2 张幻灯片，查看字体效果，如图 3-52 所示。因此，可以知道所有应用了"标题和内容"版式的幻灯片都将自动应用该版式母版中的字体格式。

图 3-51　查看字体效果 1

图 3-52　查看字体效果 2

实训 8　清除字体格式

若要将文本格式恢复为原来的样式，可以清除字体格式，具体操作方法如下。

Step 01 选择第 1 张幻灯片，选中标题文本框，在"字体"组中单击"清除所有格式"按钮 📷，如图 3-53 所示。

图 3-53　单击"清除所有格式"按钮

Step 02 此时，标题文本所应用的字体格式将全部清除，而恢复到原来的样式，如图 3-54 所示。

图 3-54　清除字体格式

3.3　使用项目符号和编号

项目符号是放在文字前面的引导符，能够起到引导和强调的作用，既能引起观众的注意，同时还能让文字之间的逻辑关系一目了然。若段落之间不是并列关系而是存在先后顺序，则可以为其添加编号。在本节中将学习如何为段落应用项目符号和编号。

实训 1 应用项目符号

项目符号一般用于简短的文字前面，显得层次清晰。下面将介绍如何为段落添加 PowerPoint 2010 自带的项目符号，具体操作方法如下。

Step 01 选择第 2 张幻灯片，选中内容文本框，在"段落"组中单击"项目符号"下拉按钮，在弹出的列表中选择所需的符号样式，查看效果，如图 3-55 所示。

Step 02 在"项目符号"下拉列表中选择"项目符号和编号"选项，将弹出"项目符号和编号"对话框，单击"图片"按钮，如图 3-56 所示。

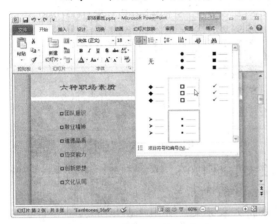

图 3-55 选择项目符号类型

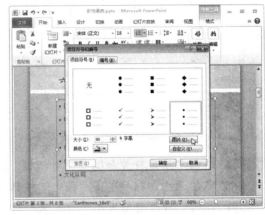

图 3-56 单击"图片"按钮

Step 03 弹出"图片项目符号"对话框，在列表中选择所需图片，然后单击"确定"按钮，如图 3-57 所示。

Step 04 此时，即可查看应用了图片项目符号后的文本效果，如图 3-58 所示。

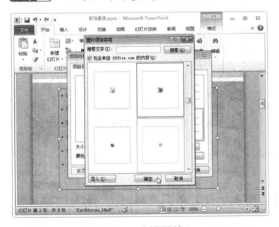

图 3-57 选择图片

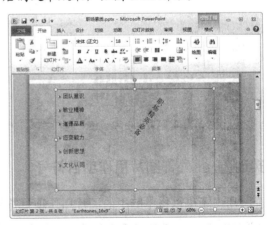

图 3-58 查看项目符号效果

实训 2　自定义项目符号并设置格式

除了使用系统自带的项目符号样式外,还可以自定义项目符号样式,具体操作方法如下。

Step 01 打开"项目符号和编号"对话框,单击"自定义"按钮,如图 3-59 所示。

Step 02 弹出"符号"对话框,在列表框中选择要用作项目符号的符号,然后单击"确定"按钮,如图 3-60 所示。

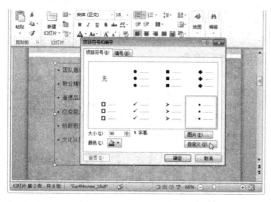

图 3-59　单击"自定义"按钮　　　　　　　　图 3-60　"符号"对话框

Step 03 返回"项目符号和编号"对话框,设置大小为 130%,在"颜色"面板中选择所需的颜色,然后单击"确定"按钮,如图 3-61 所示。

Step 04 此时,即可查看应用了自定义项目符号的文本效果,如图 3-62 所示。

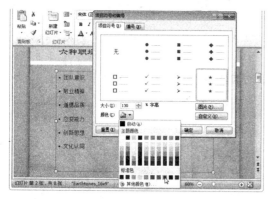

图 3-61　更改大小和颜色　　　　　　　　图 3-62　查看自定义项目符号效果

实训 3　将外部图片用作项目符号

用户还可以将电脑中的图片用作项目符号应用到幻灯片中,具体操作方法如下。

Step 01 打开"项目符号和编号"对话框,单击"图片"按钮,如图 3-63 所示。

Step 02 弹出"图片项目符号"对话框,单击"导入"按钮,如图 3-64 所示。

图 3-63　单击"图片"按钮

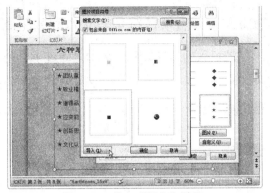

图 3-64　单击"导入"按钮

Step 03 弹出"将剪辑添加到管理器"对话框，选择要导入的图片，然后单击"添加"按钮，如图 3-65 所示。

Step 04 返回"图片项目符号"对话框，选择要用作项目符号的图片，然后单击"确定"按钮，如图 3-66 所示。

图 3-65　"将剪辑添加到管理器"对话框

图 3-66　选择项目符号图片

Step 05 此时，即可将导入的图片用作项目符号。打开"项目符号和编号"对话框，设置大小为 160%，然后单击"确定"按钮，如图 3-67 所示。

Step 06 此时，即可查看应用了导入的图片作为项目符号的文本效果，如图 3-68 所示。

图 3-67　设置项目符号大小

图 3-68　查看导入的图片作为项目符号效果

实训 4　调整项目符号与文本间的距离

若插入的项目符号与文本之间过于紧密，则可以使用标尺调整其距离，具体操作方法如下。

Step 01　选择"视图"选项卡，在"显示"组中选中"标尺"复选框。选择第 2 张幻灯片，选中内容文本，将鼠标指针置于标尺下方滑块的三角形上，如图 3-69 所示。

Step 02　按住鼠标左键并向右拖动，即可调整项目符号与文本的距离，如图 3-70 所示。

图 3-69　显示标尺

图 3-70　调整项目符号与文本的距离

实训 5　设置项目符号的对齐方式

若插入的项目符号与文本没有居中对齐，则可以执行以下操作。

Step 01　选中内容文本框，打开"段落"对话框，选择"中文版式"选项卡，在"文本对齐方式"下拉列表中选择"居中"选项，单击"确定"按钮，如图 3-71 所示。

Step 02　此时，即可将项目符号与文本居中对齐，如图 3-72 所示。

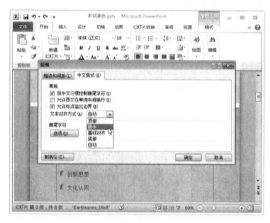

图 3-71　选择对齐方式

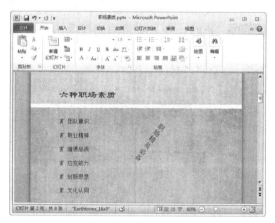

图 3-72　查看居中对齐效果

实训 6　应用编号

为段落文本添加编号与添加项目符号的方法类似，具体操作方法如下。

Step 01　选中内容文本框，在"段落"组中单击"编号"下拉按钮，在弹出的列表中选择所需的样式，即可为文本添加编号，如图 3-73 所示。

Step 02　在"编号"下拉列表中，选择"项目符号和编号"选项。在弹出的"项目符号和编号"对话框中，选择编号样式，然后设置大小和颜色。单击"确定"按钮，如图 3-74 所示。

图 3-73　选择编号样式 　　　　　　　　图 3-74　设置编号大小和颜色

Step 03　此时，即可查看应用了编号的文本效果，如图 3-75 所示。

Step 04　在"项目符号和编号"对话框中还可以设置起始编号，如将起始编号设置为 4，则效果如图 3-76 所示。

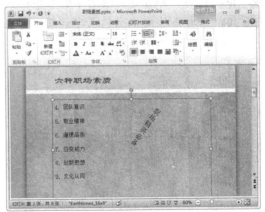

图 3-75　查看编号效果 　　　　　　　　图 3-76　更改起始编号

3.4　使用艺术字

艺术字是图形化的文字，具有美观有趣、易认易识、醒目张扬等特点，是一种极富装

中文版 PowerPoint 2010 演示文稿制作实训教程

饰意味的字体变形。在 PowerPoint 2010 中，可以很轻松地为文本添加各式各样的文本效果，就好像用专业的图形处理软件处理的一样。恰当地使用艺术字，可以使幻灯片画面更加美观。

实训1 应用艺术字样式

下面将介绍如何为文本应用艺术字样式，具体操作方法如下。

Step 01 选择第1张幻灯片，选中文本"职场人"，然后选择"格式"选项卡，在"艺术字样式"组中单击"快速样式"下拉按钮，在弹出的列表中选择所需的样式，如图3-77所示。

Step 02 单击"文本轮廓"下拉按钮，在弹出的列表中选择所需轮廓粗细，如图3-78所示。

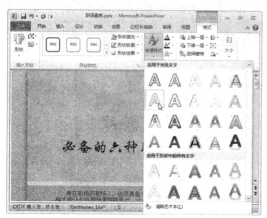
图 3-77　选择艺术字样式

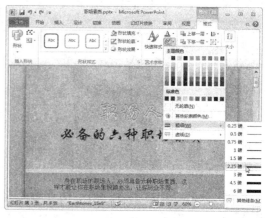
图 3-78　选择文本框轮廓粗细

Step 03 此时，即可查看应用了艺术字样式的文本效果，如图3-79所示。

Step 04 若要删除文本的艺术字效果，可在"快速样式"下拉列表中选择"清除艺术字"选项，如图3-80所示。

图 3-79　查看艺术字效果

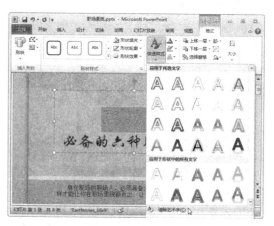
图 3-80　清除艺术字

实训 2　自定义文本效果

如果对默认的艺术字效果不满意，则可以自定义艺术字样式。对艺术字效果的修饰基本都是在"格式"选项卡下"艺术字样式"组中完成的，具体操作方法如下。

Step 01 选中文本"职场人"，在"艺术字样式"组中单击"文字效果"下拉按钮 A，选择"映像"|"映像选项"命令，如图 3-81 所示。

Step 02 弹出"设置文本效果格式"对话框，单击"预设"下拉按钮，在弹出的列表中选择一种映像效果，如图 3-82 所示。

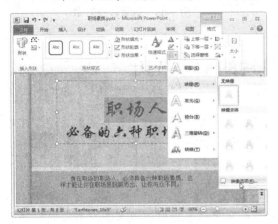

图 3-81　选择"映像选项"命令

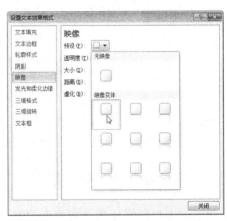

图 3-82　"设置文本效果格式"对话框

Step 03 根据需要设置映像的"透明度""大小""距离""虚化"等参数，如图 3-83 所示。

Step 04 此时，在幻灯片中即可查看为文字添加映像的效果，如图 3-84 所示。

图 3-83　设置映像参数

图 3-84　查看映像效果

Step 05 采用同样的方法，在"设置文本效果格式"对话框中为文本添加阴影和发光效果，并设置参数，效果如图 3-85 所示。

Step 06 还可以为文本添加转换效果，在"艺术字样式"组中单击"文字效果"下拉按钮，选择"转换"选项，然后在弹出的菜单中选择所需的效果选项，如"山形"，效果如图 3-86 所示。

图 3-85　查看阴影和发光效果　　　　图 3-86　查看转换效果

3.5　文本型幻灯片的制作技巧

通过前面的学习，相信读者已经掌握了在幻灯片中添加文字并设置格式的方法。在本任务中，将结合前面的内容，介绍在制作文本型幻灯片时的一些实用技巧。

实训 1　以简短句子代替大量文字

虽然文本型幻灯片是以文字为主的，但并不是文字越多越好。过多的文本反而会降低幻灯片的可读性，使观众失去阅读的兴趣。因此，尽量以简短的句子替代大量的文本，这是初学者制作文本型幻灯片时需要掌握的技巧。

在文本型幻灯片中，文字不宜过多，尤其忌讳将 Word 文档中整段的文字复制到幻灯片中。例如，下面的幻灯片将过多的文字毫无层次地输入幻灯片中，导致文本过多，字体过小，使观众很难在短时间内了解幻灯片所要传达的主题，无法激起观众继续了解的兴趣，如图 3-87 所示。

对于这样的幻灯片，应通过整理文字，保留重点内容，并用简短的句子提纲挈领地进行概括，使幻灯片的条理清晰、层次分明，再辅以演讲者对详细内容的讲解，即可起到很好的传达效果，如图 3-88 所示。

图 3-87　文字过多示例　　　　图 3-88　整理文字效果

实训 2　每个标题下强调的重点不超过三个

对于文本型幻灯片来说，每个标题下强调的重点内容不要过多，以不超过三个为宜，否则会分散观众的注意力。过多的重点等于没有重点，反而不利于观众掌握真正的核心内容。

文本型的幻灯片尤其要注意内容的简洁性和层次性。下面的幻灯片介绍的是某大学后勤集团各部门的工作职责，虽然已经避免了堆砌过多的文字，利用标题列出了幻灯片的层次，但每个标题下的重点内容太多，且没有突出强调标题，仍然无法使观众迅速掌握幻灯片的主要内容，如图 3-89 所示。

对上述的幻灯片进行简化和梳理，删除多余的文字，并利用对标题进行加粗、加大字号和变色等处理，可以使幻灯片更加清晰，如图 3-90 所示。

图 3-89　不简洁与重点过多示例　　　　　图 3-90　简化与梳理内容效果

实训 3　幻灯片中字体的设置

在幻灯片中，文字不光能传达信息，也可以通过精心的排版设计来传递情感。文字的字体、大小和排列都直接影响着 PPT 的版面构成。然而，设计字体成千上万，如何选择也需要讲究一定的准则。

文字是幻灯片最基本的组成元素，是观众注意的焦点，也决定了幻灯片主题和版式。选择字体要做到容易辨认、一目了然。下面将详细介绍幻灯片字体选择的一些基本方法。

1. 标题用衬线字体，正文用非衬线字体

衬线字体和非衬线字体是欧美人提出的概念，实际上也适用汉字。衬线字体是指有些偏艺术设计的字体，在每笔的起点和终点总会有很多修饰效果。

衬线字体一般会很漂亮，但因为装饰过多，文字稍小就不容易辨认。因此，只适合用来做大标题，采用大字号。中文字体中的宋体就是一种最标准的衬线字体，衬线的特征非常明显，如图 3-91 所示。

另外，以下字体也都属于衬线字体，如图 3-92 所示。

宋 体

图 3-91　宋体样式

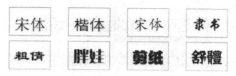

图 3-92　衬线字体样式

非衬线字体是指粗细相等、没有修饰的字体。笔画简洁，不太漂亮，但很有冲击力，容易辨认，所以很适合用来做 PPT，适合正文采用。例如，下面常用的字体则属于非衬线字体，如图 3-93 所示。

微软雅黑字体兼具衬线字体的饱满和非衬线字体的醒目，用来做 PPT 比较合适，主要用作正文字体，如图 3-94 所示。

图 3-93　非衬线字体样式

微软雅黑

图 3-94　微软雅黑字体样式

2. 尽量采用更有设计感的字体

要使制作出的幻灯片更有艺术感，就尽量不要再采用宋体、楷体、黑体、隶书这样的普通字体，而要尝试使用方正字库、汉仪字库、文鼎字库等更具创意性、独特性和美观性的字体。

图 3-95 所示的字体就是比较普通的，因使用过多而导致没有新意的字体，应尽量避免使用，以防流于庸俗。

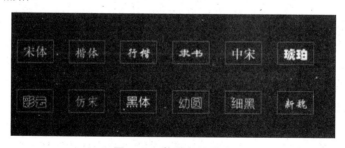

图 3-95　普通字体样式

3. 根据文字性格选择合适的字体

同人一样，不同的文字也有不同的性格，如阳刚、阴柔、霸气、谦卑、开放、保守等。不同的主题、不同的演示角色，就应选择不同性格的字体。

下面将介绍一些常用的字体的性格特征。

➢ **宋体**：宋体风格典雅、工整，较为严谨，比较适合在幻灯片的正文中使用。但是文字过多、过小时，整个幻灯片看起来会比较花。图 3-96 所示的正文中就使用了宋体。

➢ **黑体**：黑体的字体单纯、结构严谨，是较为稳定、醒目的标题字，使用性较强。

图 3-97 所示的幻灯片中的标题就使用了黑体。

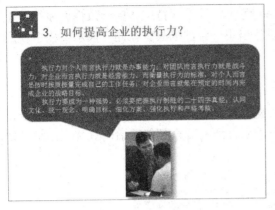

图 3-96 宋体样式效果   图 3-97 黑体样式效果

> **楷体**：楷体是一种模仿手写习惯的一种字体，笔画挺秀均匀、字形端正、古朴秀美，有一定的艺术特征，但其辨认性较差，不太适用于幻灯片。图 3-98 所示的幻灯片中就使用了楷体。

> **隶书**：隶书是汉字中常见的一种庄重的字体，书写效果略微宽扁，横画长而直画短，呈长方形状，讲究"蚕头雁尾""一波三折"。隶书具有较强的艺术性，但也不太适用于幻灯片。也许有时幻灯片中会采用隶书作为标题，但一般不采用作为正文字体。图 3-99 所示的幻灯片中就使用了隶书。

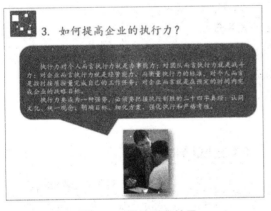
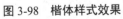
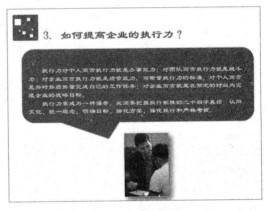

图 3-98 楷体样式效果   图 3-99 隶书样式效果

下面再介绍一些其他常用的字体的性格特征。

> **微软雅黑**：微软雅黑是神形兼备的完美主义者，人见人爱，通用性较强。

> **综艺**：综艺字体是稍显古板和商务的性格，严谨而一本正经。

> **卡通**：卡通字体充满娱乐精神，天真而可爱。

> **倩体**：倩体给人感觉婀娜多姿，有一种女性的阴柔之美，适合做企业宣传。

> **粗宋**：粗宋字体给人一种一丝不苟且充满威严的感觉，属于政府专用字体。

> **细圆**：细圆给人 种轻松、洒脱、与世无争，但内在却又精明的感觉

4. 保持字体的一致性

由于 Windows 中的字体很多，而且各有各的特点，因此保持字体的一致性就显得很重要。如果字体变化过于频繁，则可能向观众表达出不一致的信息。在同一演示文稿中使用的字体最好不要超过三种或四种。

5. 选择合适的字号

字号选择要看幻灯片的实际使用情况，如幻灯片是投影用还是阅读用。幻灯片用于投影时，最小字号最好不要小于 28 磅，否则不能保证所有观众都能看清幻灯片上的字，如图 3-100 所示。

图 3-100　投影用字号

幻灯片如果用于阅读，则最小字号最好不要小于 10.5 磅，如图 3-101 所示。

字号要能体验出层次性，大标题、页面标题、图表文字、注释文字等之间的字号要有明显的区分，一般间隔 2 磅以上才合适。当然，也可以通过字体、加粗、改变颜色等来体现这种层次性，如图 3-102 所示。

图 3-101　阅读用字号

图 3-102　字体样式层次性示例

6. 仅在强调时才用粗体和斜体

仅仅在强调时才需使用粗体和斜体，但过多使用会降低其效果。

实训 4 替换字体样式

在制作幻灯片的过程中，可能经常需要更换文本的字体。在文本较多的情况下，如果逐一进行修改既耽误时间又不够精确，此时可以使用文字替换功能来实现字体的快速修改。替换字体样式的具体操作方法如下。

Step 01 在"开始"选项卡的"编辑"组中单击"替换"下拉按钮，在弹出的下拉列表中选择"替换字体"选项，如图 3-103 所示。

Step 02 弹出"替换字体"对话框，设置将"宋体"替换为"方正细黑-简体"，然后单击"替换"按钮，如图 3-104 所示。

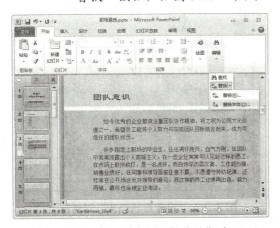
图 3-103 选择"替换字体"选项

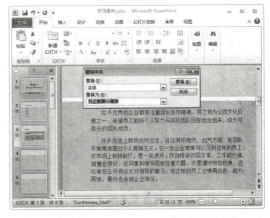
图 3-104 设置替换字体

Step 03 此时，即可将所有幻灯片中的"宋体"字样式替换为"方正细黑-简体"，如图 3-105 所示。

Step 04 选择第 2 张幻灯片，可以看到连文本框中的字体样式也得到了替换，如图 3-106 所示。

图 3-105 字体替换效果

图 3-106 文本框字体替换效果

实训 5　精确设置文本框大小和位置

通过拖动的方法可以调整文本框的大小和位置，但若要精确地设置其大小和位置，则可以通过以下方法来实现。

Step 01 选择第 2 张幻灯片，选中其中的文本框，选择"格式"选项卡，在"大小"组中可以精确设置文本框的高度和宽度，如图 3-107 所示。

Step 02 单击"大小"组右下角的扩展按钮，将弹出"设置形状格式"对话框，从中可对文本框大小进行参数设置，如尺寸、角度、缩放比例、锁定纵横比等，如图 3-108 所示。

图 3-107　设置文本框大小

图 3-108　"设置形状格式"对话框

Step 03 在左侧选择"位置"选项，在右侧可以精确设置文本框在幻灯片中的位置，如图 3-109 所示。右击文本框，在弹出的快捷菜单中选择"设置形状格式"命令，也会打开"设置形状格式"对话框，如图 3-110 所示。

图 3-109　设置文本框位置

图 3-110　选择"设置形状格式"命令

实训 6　使用格式刷复制格式

使用"格式刷"工具可以轻松地将文本和段落格式应用到其他内容中，以提升工作效率，具体操作方法如下。

Step 01 选择第 4 张幻灯片，在占位符中输入所需的文本，如图 3-111 所示。

Step 02 选择第 3 张幻灯片，选中内容文本框，在"开始"选项卡下"剪贴板"组中单击"格式刷"按钮，如图 3-112 所示。

图 3-111　添加文本

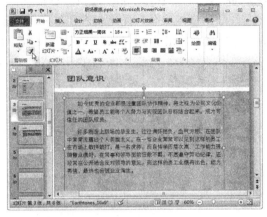

图 3-112　单击"格式刷"按钮

Step 03 此时鼠标指针变为刷子形状，选择第 4 张幻灯片，在内容文本框中单击，如图 3-113 所示。

Step 04 此时，内容文本框中的文本应用了第 3 张幻灯片中的文本格式，效果如图 3-114 所示。若双击"格式刷"按钮，则可进入格式刷状态，鼠标指针将保持为刷子形状，再次单击"格式刷"按钮或按【Esc】键，即可退出格式刷状态。

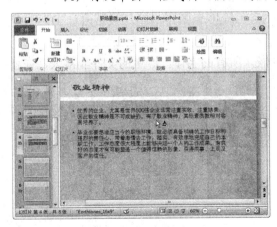

图 3-113　单击文本框

图 3-114　查看应用格式效果

实训7　将字体样式嵌入演示文稿

如果演示文稿中使用了系统预设的字体以外的字体，则需要掌握在演示文稿中嵌入字体的方法。否则，当在别人的电脑上播放自己的演示文稿时，有可能因为缺少字体而出现所有字体都显示为宋体的情况，从而影响演示文稿的效果。将字体样式嵌入演示文稿的方法如下。

Step 01 选择"文件"选项卡，在左侧单击"选项"按钮，如图3-115所示。

Step 02 弹出"PowerPoint选项"对话框，在左侧选择"保存"选项，在右侧选中"将字体嵌入文件"复选框和"仅嵌入演示文稿中使用的字符（适于减小文件大小）"单选按钮，然后单击"确定"按钮，如图3-116所示。

图3-115　单击"选项"按钮

图3-116　"PowerPoint选项"对话框

在"将字体嵌入文件"复选框下，提供的两个嵌入选项的功能如下。

（1）仅嵌入演示文稿中使用的字符（适于减小文件大小）：这种方式产生的文件非常小，在任何电脑中都能正常预览字体，但在缺乏字体的电脑中只能预览观看，不能进行编辑。

（2）嵌入所有字符（适于其他人编辑）：嵌入所有的字体，产生的文件非常大，在任何电脑中都能查看和编辑。

建议平时在制作演示文稿过程中不要嵌入字体，只有当所有的操作完毕准备交稿时再完全嵌入。如果对文件大小没有明确的限制，就采用嵌入所有字符的方式。

本章小结

通过本章的学习，读者应重点掌握以下知识。

（1）可以通过多种方式向幻灯片中添加文本内容，应根据需要选择最为合适的。

（2）可以对整个文本框中的字体进行格式设置，也可以只对所选文本设置格式。

（3）对内容文本进行段落格式设置，以使版面更加美观、易读。

（4）使用项目符号和编号可以对文本起到引导和强调的作用，可以根据需要自定义项目符号和编号样式。

（5）通过"设置文本效果格式"对话框可以为文本添加各式各样的艺术字效果，其效果都是实时展现的。

（6）掌握文本型幻灯片的设计技巧，可以大大地提高演示文稿的制作效率。

本章习题

（1）根据本章所讲内容，在"职场素质.pptx"演示文稿的其他幻灯片中添加内容（详见素材"职场素质.txt"）并设置格式，效果如图 3-117 所示。

（2）在"职场素质.pptx"演示文稿最后插入一张空白幻灯片，然后绘制文本框并输入文本"谢谢"，为文本添加艺术字效果，如图 3-118 所示。

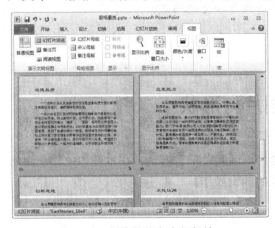

图 3-117　制作其他文本幻灯片

图 3-118　插入文本框并设置艺术字

第 4 章　制作图片型幻灯片

【本章导读】

图片是演示文稿可视化表现的核心元素。带有图片的演示文稿不仅可以使内容的表现更加生动、形象，对观众来说也更加具有吸引力。在幻灯片中添加图片并进行格式设置，常常与形状和图形协作进行，本项目将详细介绍图片型幻灯片的设计方法及技巧。

【本章目标】

➤　能熟练地在幻灯片中创建图片和图形并设置合适的格式。

➤　掌握 SmartArt 图形的应用方法。

➤　掌握图片型幻灯片的设计技巧。

4.1　添加图片与形状

在制作幻灯片时，往往一个图形或一幅图片可以胜过千言万语，在本任务中将介绍如何在幻灯片中添加形状或图片，以及进行简单的编辑操作。

实训 1　插入形状并设置格式

在 PowerPoint 2010 中可用的形状包括：线条、基本几何形状、箭头、公式形状、流程图形状、星、旗帜和标注等。下面将介绍如何在幻灯片中插入形状并设置其格式，具体操作方法如下。

Step 01　新建演示文稿并保存为"服饰公司 .pptx"，删除幻灯片中的占位符。选择"插入"选项卡，单击"形状"下拉按钮，在弹出的下拉列表中选择"矩形"形状，如图 4-1 所示。

Step 02　在幻灯片中安装鼠标左键并拖动鼠标绘制矩形形状，如图 4-2 所示。

图 4-1　选择"矩形"形状

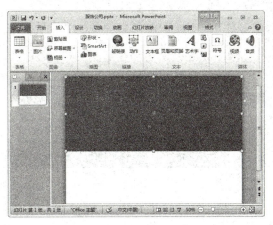

图 4-2　绘制矩形形状

Step 03 选中形状，选择"格式"选项卡，在"形状样式"组中单击"形状轮廓"下拉按钮，在弹出的下拉列表中选择"无轮廓"选项，如图 4-3 所示。

Step 04 选中形状，单击"形状样式"组右下角的扩展按钮 ，如图 4-4 所示。

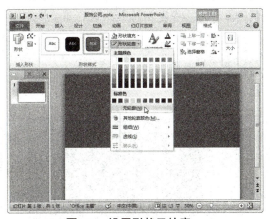

图 4-3　设置形状无轮廓

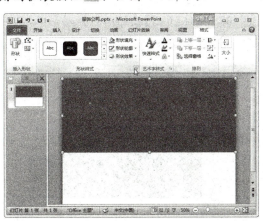

图 4-4　单击"扩展"按钮

Step 05 弹出"设置形状格式"对话框，在左侧选择"填充"选项，在右侧选中"渐变填充"单选按钮，并根据需要调整渐变光圈，设置渐变颜色，如图 4-5 所示。设置完成后，单击"关闭"按钮。

Step 06 此时，即可查看应用渐变样式后的形状效果，如图 4-6 所示。

图 4-5　"设置形状格式"对话框

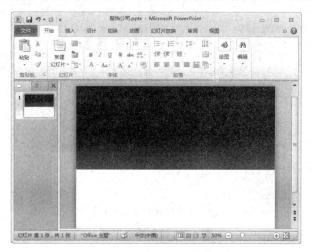

图 4-6　查看形状效果

Step 07 选中形状，在"格式"选项卡下单击"旋转"按钮，在弹出的下拉列表中选择"垂直翻转"选项，查看形状效果，如图 4-7 所示。

Step 08 按住【Ctrl】键的同时拖动形状，即可复制一个形状。将复制的形状进行垂直翻转，并调整其位置，效果如图 4-8 所示。

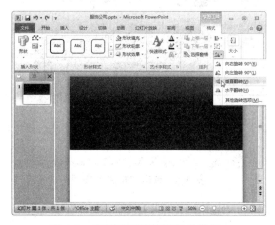

图 4-7　查看垂直翻转形状的效果

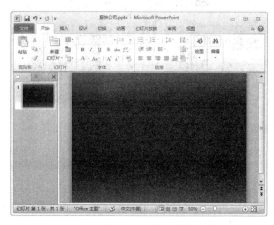

图 4-8　查看复制并翻转形状的效果

实训 2　编辑形状

通过编辑形状可以调整形状样式，或将其更改为另一种形状，编辑形状的具体操作方法如下。

Step 01 选择"插入"选项卡，单击"形状"下拉按钮，在弹出的下拉列表中选择"心形"形状，如图 4-9 所示。

Step 02 在幻灯片中绘制心形，在"格式"选项卡下选择所需的形状样式，如图 4-10 所示。

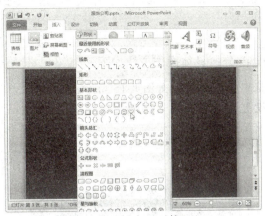

图 4-9　选择心形形状

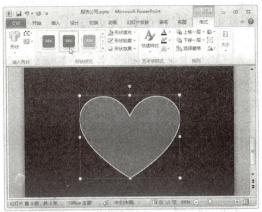

图 4-10　绘制心形并应用样式

Step 03 在"插入形状"组中单击"编辑形状"下拉按钮，在弹出的下拉列表中选择"编辑顶点"选项，如图 4-11 所示。

Step 04 此时即可进入到编辑顶点状态，可以看到心形形状只包括两个顶点，单击上方的顶点即可将其激活，如图 4-12 所示。

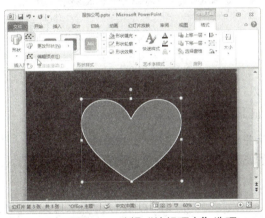

图 4-11　选择"编辑顶点"选项

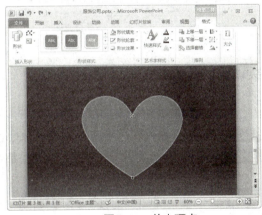

图 4-12　单击顶点

Step 05 此时即会显示出控制柄，拖动控制柄调整曲率，如图 4-13 所示。

Step 06 采用同样的方法通过下方顶点调整曲率，如图 4-14 所示。

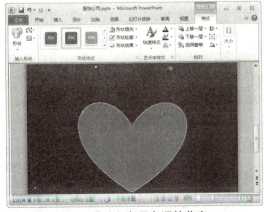

图 4-13　通过上方顶点调整曲率

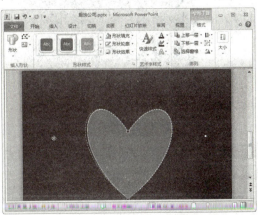

图 4-14　通过下方顶点调整曲率

实训 3　在形状中输入文字

在形状中可以添加文字，使其成为形状的一部分，具体操作方法如下。

Step 01　选中形状后直接输入文本，即可在形状中输入文字，如图 4-15 所示。

Step 02　按照前面学过的方法对文字进行格式设置，效果如图 4-16 所示。

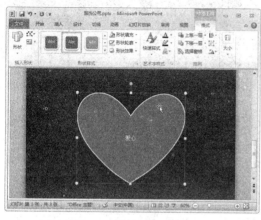

图 4-15　在形状中输入文字

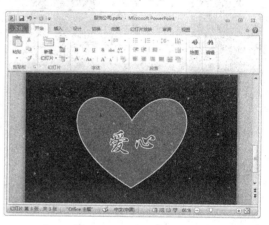

图 4-16　设置文字格式

实训 4　插入图片

若要在幻灯片中插入图片，具体操作方法如下。

Step 01　选择"插入"选项卡，在"图像"组中单击"图片"按钮，如图 4-17 所示。

Step 02　弹出"插入图片"对话框，选择要插入的图片，单击"插入"按钮，如图 4-18 所示。

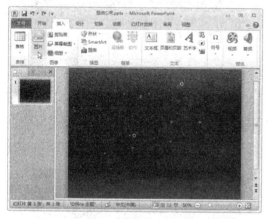

图 4-17　单击"图片"按钮

图 4-18　"插入图片"对话框

Step 03　此时，即可将所选图片插入幻灯片中，效果如图 4-19 所示。

Step 04　拖动图片四周的控制柄，调整图片大小。拖动图片，调整其位置，效果如图 4-20 所示。

图 4-19　插入图片　　　　　　　　图 4-20　调整图片大小和位置

Step 05 采用同样的方法，在幻灯片中插入公司 Logo 图片，如图 4-21 所示。

Step 06 在幻灯片中插入文本框，输入所需的文本，并设置字体格式，效果如图 4-22 所示。

图 4-21　插入 Logo 图片　　　　　　图 4-22　添加文本

实训 5　更换图片

若需将插入的图片替换为其他图片，只需执行"更改图片"命令，而无须重新插入。更换图片的具体操作方法如下。

Step 01 在"幻灯片"窗格中选中第 1 张幻灯片，按【Ctrl+D】组合键复制幻灯片。右击幻灯片中的图片，在弹出的快捷菜单中选择"更改图片"命令，如图 4-23 所示。

图 4-23　选择"更改图片"命令

Step 02 弹出"插入图片"对话框，选择要更改为的图片，然后单击"插入"按钮，如图 4-24 所示。

Step 03 此时，即可更换原有图片，效果如图 4-25 所示。

图 4-24 "插入图片"对话框

图 4-25 查看更换图片效果

Step 04 根据需要调整图片的大小和位置，如图 4-26 所示。

图 4-26 调整图片大小和位置

4.2 设置图片样式

在 PowerPoint 2010 中提供了丰富的图片样式，用户可以为图片应用样式，还可以对样式参数进行自定义设置。为图片添加样式可以使其在幻灯片中显得更加醒目，下面将详细介绍如何在幻灯片中设置图片样式。

实训 1 为图片添加艺术效果

在制作幻灯片时，可以为图片应用艺术效果，使其看上去更像草图、绘图或绘画等，具体操作方法如下。

Step 01 选中图片，选择"格式"选项卡，在"调整"组中单击"艺术效果"下拉按钮，在弹出的下拉列表中选择"艺术效果选项"选项，如图 4-27 所示。

Step 02 弹出"设置图片格式"对话框，单击"艺术效果"下拉按钮▦▾，在弹出的列表中选择"图样"效果，如图 4-28 所示。

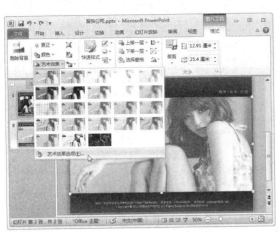

图 4-27 选择"艺术效果选项"

图 4-28 选择艺术效果

Step 03 设置"图样"效果的透明度为 25%，然后单击"关闭"按钮，如图 4-29 所示。

Step 04 此时，即可查看应用艺术效果后的图片效果，如图 4-30 所示。

图 4-29 设置艺术效果选项

图 4-30 查看图片艺术效果

实训 2 更改图片色彩效果

在制作幻灯片时，可以更改图片的亮度和对比度、饱和度、色调以及锐化和柔化图片，还可以将多个色彩效果应用于图片上，具体操作方法如下。

Step 01 选中图片，选择"格式"选项卡，在"调整"组中单击"更正"下拉按钮，在弹出的下拉列表中选择"图片更正选项"选项，如图 4-31 所示。

Step 02 弹出"设置图片格式"对话框，分别对"锐化和柔化""亮度和对比度"选项进行设置，如图 4-32 所示。

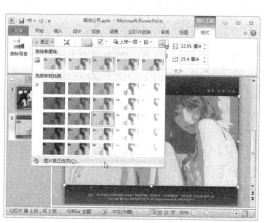

图 4-31 选择"图片更正"选项

图 4-32 设置"图片更正"选项

Step 03 在左侧选择"图片颜色"选项，在右侧设置饱和度，单击"重新着色"选项区中的"预设"下拉按钮，在弹出的列表中选择所需的效果，如图 4-33 所示。

Step 04 此时，即可查看更改色彩效果后的图片效果，如图 4-34 所示。

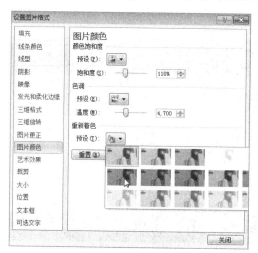

图 4-33 为图片重新着色

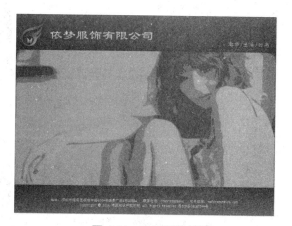

图 4-34 查看图片效果

实训 3 添加图片效果

在制作幻灯片时，可以通过添加边框、阴影、发光、映像、柔化边缘、凹凸和三维旋转等效果来增强图片的感染力，具体操作方法如下。

Step 01 按照前面的方法在幻灯片中插入图片，然后选中图片，选择"格式"选项卡，在"图片样式"组中单击"图片边框"下拉按钮，在弹出的下拉列表中选择白色，如图 4-35 所示。

Step 02 在"图片样式"组中单击"图片效果"下拉按钮，在弹出的下拉列表选择一种阴影样式，如图 4-36 所示。

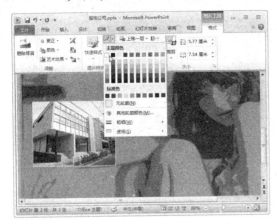

图 4-35　添加图片边框

图 4-36　添加阴影效果

Step 03 若在阴影样式列表中选择"阴影选项"命令，将弹出"设置图片格式"对话框，可对阴影效果进行参数设置，如图 4-37 所示。

Step 04 此时，即可查看添加样式之后的图片效果，如图 4-38 所示。

图 4-37　设置阴影效果

图 4-38　查看图片效果

实训 4　裁剪图片

在制作幻灯片时，可以使用裁剪工具来修整并有效删除图片中不需要的部分。裁剪操作通过减少垂直或水平边缘来删除或屏蔽不希望显示的图片区域，具体操作方法如下。

Step 01 在幻灯片中插入图片，选中图片，然后在"格式"选项卡的"大小"组中单击"裁剪"按钮，如图 4-39 所示。

Step 02 此时即可进入裁剪状态，根据需要调整裁剪框的大小，如图 4-40 所示。

图 4-39　单击"裁剪"按钮

图 4-40　调整裁剪框大小

Step 03　单击幻灯片的空白位置，即可应用裁剪，如图 4-41 所示。

Step 04　再次单击"裁剪"按钮进入裁剪状态，可拖动图片调整要裁剪的位置，如图 4-42 所示。

图 4-41　应用裁剪

图 4-42　调整图片在裁剪框中的位置

实训 5　将图片裁剪为形状

快速更改图片形状的方法是将其裁剪为特定形状，下面将介绍将图片裁剪为形状的方法。

方法 1：使用"裁剪"命令

使用"裁剪"命令将图片裁剪为特定形状的具体操作方法如下。

Step 01　选中图片，然后单击"裁剪"下拉按钮，在弹出的下拉列表中选择"裁剪为形状"选项，选择椭圆形状，如图 4-43 所示。

Step 02　此时，即可将图片裁剪为椭圆形状，效果如图 4-44 所示。

图 4-43 选择形状

图 4-44 查看裁剪效果

Step 03 选中图片,再次单击"裁剪"按钮,如图 4-45 所示。

Step 04 进入裁剪状态,此时即可对裁剪形状进行调整,如图 4-46 所示。

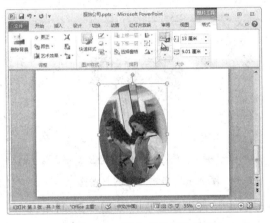

图 4-45 单击"裁剪"按钮

图 4-46 调整裁剪形状

方法 2:为形状应用图片填充

用户可以通过为形状应用图片填充的方法来更改图片的形状,具体操作方法如下。

Step 01 按照前面的方法在幻灯片中绘制心形,并设置样式,如图 4-47 所示。

Step 02 选中形状,然后在"格式"选项卡下"形状样式"组中单击"形状填充"下拉按钮,在弹出的下拉列表中选择"图片"选项,如图 4-48 所示。

Step 03 弹出"插入图片"对话框,选择要插入的图片,然后单击"插入"按钮,如图 4-49所示。

Step 04 此时,即可将图片作为形状填充进行裁剪。选择"格式"选项卡,在"大小"组中单击"裁剪"按钮,如图 4-50 所示。

图 4-47　绘制形状

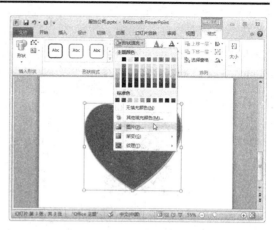

图 4-48　选择"图片"选项

图 4-49　选择图片

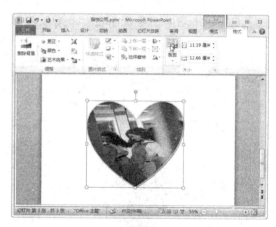

图 4-50　单击"裁剪"按钮

Step 05 此时即可进入裁剪状态，调整图片在形状中的大小及位置，如图 4-51 所示。

Step 06 单击幻灯片空白位置即可完成裁剪，查看裁剪效果，如图 4-52 所示。

图 4-51　调整图片大小和位置

图 4-52　查看裁剪效果

实训6　重设图片样式

若要恢复图片样式，可执行重设图片操作，具体操作方法如下。

Step 01 选中图片，选择"格式"选项卡，在"调整"组中单击"重设图片"下拉按钮，在弹出的下拉列表中选择"重设图片"选项，如图 4-53 所示。

Step 02 此时即可恢复为图片原来的样式，效果如图 4-54 所示。

图 4-53 选择"重设图片"选项

图 4-54 恢复图片样式

Step 03 选中图片，然后单击"重设图片"下拉按钮，在弹出的下拉列表中选择"重设图片和大小"选项，如图 4-55 所示。

Step 04 此时即可将图片恢复到原来的大小和样式，如图 4-56 所示。

图 4-55 选择"重设图片和大小"选项

图 4-56 恢复图片大小和样式

4.3 排列对象

本节将介绍在编辑幻灯片时如何排列对象，其中包括调整对象层次、对齐对象和组合对象等。

实训 1 调整对象层次

通过调整对象层次可以更改其在幻灯片中的前后顺序，具体操作方法如下。

Step 01 在幻灯片中插入三张图片，并分别调整其位置，如图 4-57 所示。在调整图片位置时，按方向键可以一次移动 10 个像素。要想更为精确地进行位置调整，可在按住【Crrl】键的同时移动图片。

Step 02 选中中间的图片，选择"格式"选项卡，然后在"排列"组中单击"下移一层"按钮，如图 4-58 所示。

图 4-57 排列图片　　　　　　　　　　　图 4-58 单击"下移一层"按钮

Step 03 此时，即可将所选图片下移一层，查看此时图片的排列效果，如图 4-59 所示。

Step 04 选中左侧的图片并右击，在弹出的快捷菜单中选择"置于底层"｜"下移一层"命令，如图 4-60 所示。

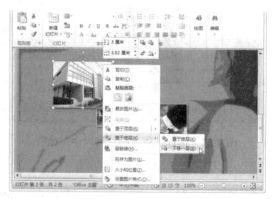

图 4-59 查看"下移一层"效果　　　　　　图 4-60 选择"下移一层"命令

Step 05 此时，即可将所选图片下移一层，查看排列效果，如图 4-61 所示。

Step 06 选中中间的图片，在"排列"组中单击"上移一层"下拉按钮，在弹出的下拉列表中选择"置于顶层"选项，即可将所选图片置于最顶层，效果如图 4-62 所示。

图 4-61　查看"下移一层"效果

图 4-62　选择"置于顶层"选项

实训 2　对齐对象

通过对齐对象操作可以将对象相对于幻灯片设置上下居中、左右居中、左对齐、顶端对齐、横向分布等，具体操作方法如下。

Step 01　按住【Shift】键的同时选中三张图片，选择"格式"选项卡，在"排列"组中单击"对齐"下拉按钮，在弹出的下拉列表中选择"对齐幻灯片"选项，如图 4-63 所示。

Step 02　再次单击"对齐"下拉按钮，在弹出的下拉列表中选择"横向分布"选项，如图 4-64 所示。

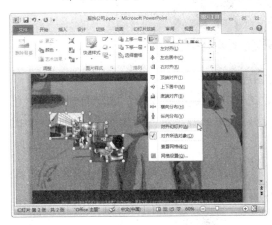

图 4-63　选择"对齐幻灯片"选项

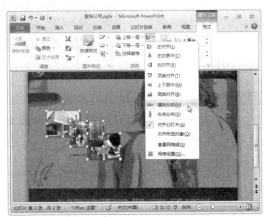

图 4-64　选择"横向分布"选项

Step 03　此时即可查看在"对齐幻灯片"方式下的"横向分布"效果，图片相对于幻灯片进行横向分布，如图 4-65 所示。

Step 04　单击"对齐"下拉按钮，在弹出的下拉列表中选择"上下居中"选项，效果如图 4-66 所示。

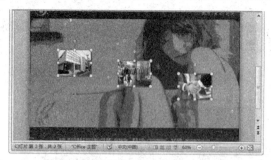

图 4-65　查看"横向分布"对齐效果

图 4-66　查看"上下居中"对齐效果

实训 3　分布对象

通过分布对象操作可以使所选对象横向分布、纵向分布、上下居中等，其具体操作方法如下。

Step 01　在幻灯片中分别调整图片的位置，如图 4-67 所示。

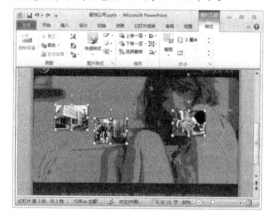

图 4-67　调整图片位置

Step 02　按住【Shift】键的同时选中三张图片，选择"格式"选项卡，在"排列"组中单击"对齐"下拉按钮，在弹出的下拉列表中选择"对齐所选对象"选项，如图 4-68 所示。

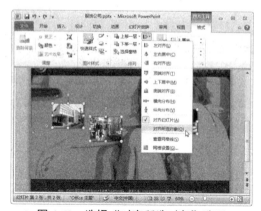

图 4-68　选择"对齐所选对象"选项

Step 03 单击"对齐"下拉按钮 ，在弹出的下拉列表中选择"上下居中"选项，查看在 "对齐所选对象"方式下的"上下居中"效果，如图 4-69 所示。

Step 04 单击"对齐"下拉按钮 ，在弹出的下拉列表中选择"横向分布"选项，效果如 图 4-70 所示。

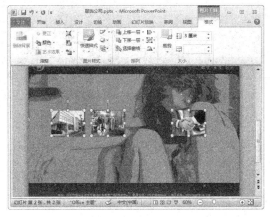

图 4-69　查看"上下居中"效果

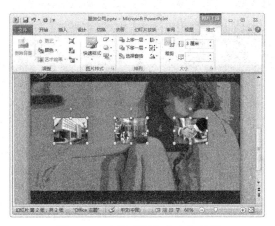

图 4-70　查看"横向分布"效果

实训 4　组合对象

如果需要同时选中、翻转或移动多个对象，或者同时调整多个对象的大小，可以将其 组合为一个整体对象进行操作。组合对象的具体操作方法如下。

Step 01 在幻灯片中插入文本框，输入所需的文字，并调整文本框的位置，如图 4-71 所示。

Step 02 按住【Shift】键的同时选中图片和文本框，选择"格式"选项卡，然后在"排列" 组中单击"组合"下拉按钮 ，在弹出的下拉列表中选择"组合"选项，如图 4-72 所示。

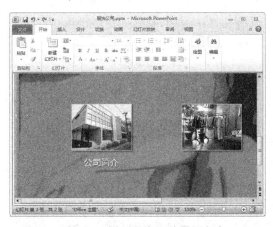

图 4-71　插入文本框并添加文本

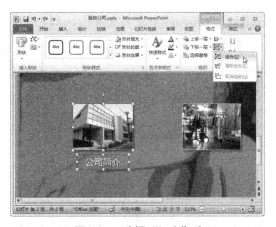

图 4-72　选择"组合"选项

Step 03 此时，即可将图片与文本框组合为一个整体，如图 4-73 所示。若要取消组合，则 在上述下拉列表中选择"取消组合"选项即可。

Step 04 采用同样的方法，在幻灯片中插入文本框，将其与对应的图片组合起来，并在"公司简介"前添加一个项目符号（即表示当前位置），如图 4-74 所示。

图 4-73　组合对象

图 4-74　组合其他对象

4.4　设计幻灯片版式

在本节中，将结合前面学习的知识来创建并设计一张幻灯片版式，其中包括设计内容区版式，制作底部导航栏，以及微调幻灯片版式等。

实训 1　设计内容区版式

Step 01 在"幻灯片"窗格中选中第 2 张幻灯片，按【Ctrl+D】组合键复制幻灯片。将不需要的图片、文本框删除，如图 4-75 所示。

Step 02 在幻灯片中绘制灰白色、无边框的矩形形状，然后选中形状，在"格式"选项卡下"形状样式"组中单击扩展按钮 ，如图 4-76 所示。

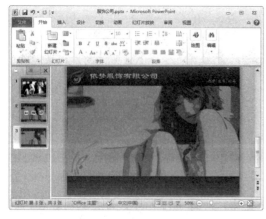

图 4-75　删除不需要的对象

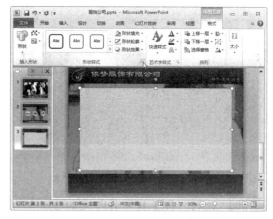

图 4-76　单击扩展按钮

Step 03 弹出"设置形状格式"对话框，设置透明度为 50%，然后单击"关闭"按钮，如图 4-77 所示。

Step 04 在幻灯片中插入文本框，输入所需的文字，并设置字体格式，效果如图 4-78 所示。

图 4-77　设置形状填充

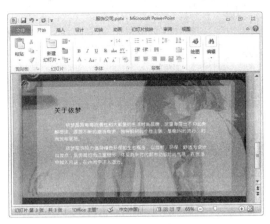

图 4-78　添加文本

实训 2　制作底部导航栏

Step 01 按照前面介绍的方法在幻灯片底部插入图片和文本框，并为"公司简介"文本添加项目符号（即表示当前位置），如图 4-79 所示。

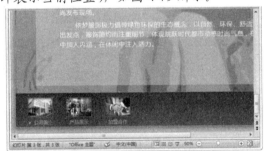

图 4-79　添加图片和文本

Step 02 继续插入幻灯片并输入文本，右击文本框，在弹出的快捷菜单中选择"设置形状格式"命令，如图 4-80 所示。

图 4-80　选择"设置形状格式"命令

Step 03 弹出"设置形状格式"对话框，设置文本框的左、右边距均为 0 厘米，然后单击"关闭"按钮，如图 4-81 所示。

Step 04 此时，即可查看设置了内部边距的文本框效果，调整文本框的宽度，如图 4-82 所示。

图 4-81　设置文本框边距　　　　　　　　　　图 4-82　调整文本框宽度

Step 05 复制多个文本框,并输入所需的文本(即本节内容标题),对文本框进行对齐操作,将"关于依梦"文本颜色设置为黄色（即表示当前位置），效果如图 4-83 所示。

Step 06 复制第 3 张幻灯片，修改文本信息并添加图片，将底部相应的"公司信息"文本颜色设置为黄色，如图 4-84 所示。

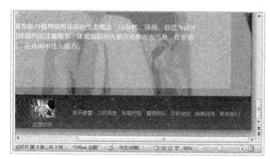 

图 4-83　添加其他文本框　　　　　　　　　　图 4-84　复制幻灯片并修改内容

实训 3　微调幻灯片版式

　　下面将介绍如何对以上制作好的幻灯片版式进行微调，以放置不同的内容，具体操作方法如下。

Step 01 复制第 4 张幻灯片，将不需要的图片、文本框删除，将底部的"发展历程"文本颜色设置为黄色，如图 4-85 所示。

Step 02 在幻灯片中插入矩形形状并进行旋转，效果如图 4-86 所示。

图 4-85 删除对象

图 4-86 插入形状并旋转

Step 03 选中形状，然后在"插入形状"组中单击"编辑形状"下拉按钮，在弹出的列表中选择"编辑顶点"选项，如图 4-87 所示。

Step 04 此时即可进入编辑顶点状态，拖动顶点调整其位置，如图 4-88 所示。

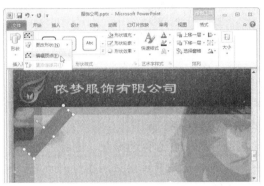

图 4-87 选择"编辑顶点"选项

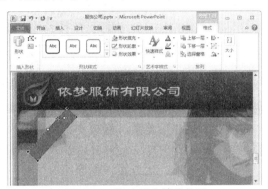

图 4-88 拖动顶点调整位置

Step 05 继续调整其他顶点的位置来编辑形状，效果如图 4-89 所示。

Step 06 在形状中输入所需的文本，并设置字体格式，如图 4-90 所示。

图 4-89 编辑形状

图 4-90 输入文本

4.5 创建 SmartArt 图形

SmartArt 图形是信息和观点的视觉表现形式，具有丰富多样的布局，从对象形状到颜色，用户可以随心所欲地更改与调整，从而轻松地制作出精美、高效的幻灯片。在本任务中将详细介绍 SmartArt 图形在幻灯片中的应用。

实训 1　创建基本流程图

基本流程图用于显示行进，或者任务、流程或工作流中的顺序步骤。下面以创建基本流程图为例介绍在幻灯片中插入 SmartArt 图形的常规方法，具体操作方法如下。

Step 01　选择"插入"选项卡，在"插图"组中单击 SmartArt 按钮，如图 4-91 所示。

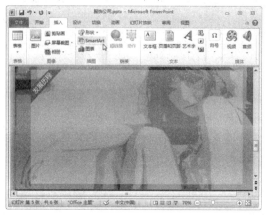

图 4-91　单击 SmartArt 按钮

Step 02　弹出"选择 SmartArt 图形"对话框，在左侧选择"流程"类别，在右侧选择"基本流程"类型，然后单击"确定"按钮，如图 4-92 所示。

Step 03　此时，即可在幻灯片中插入"基本流程"图形。选中右侧的形状，选择"设计"选项卡，然后在"创建图形"组中单击"添加形状"下拉按钮，在弹出的下拉列表中选择"在后面添加形状"选项，如图 4-93 所示。

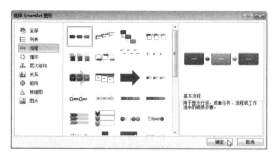

图 4-92　"选择 SmartArt 图形"对话框

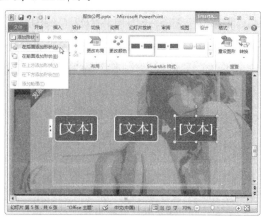

图 4-93　选择"在后面添加形状"选项

Step 04　此时即可在右侧添加一个形状，单击图形左侧的"文本窗格"按钮，如图 4-94 所示。

Step 05　打开文本窗格，输入所需的文本，并将光标定位到 2010 后面，如图 4-95 所示。

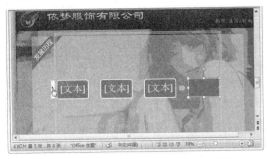

图 4-94　单击"文本窗格"按钮

图 4-95　输入文本

Step 06 按【Enter】键即可在后面添加一个形状，按【Tab】键进行降级，然后输入所需的文本，如图 4-96 所示。还可以在"创建图形"组中单击"降级"按钮，进行降级操作。

Step 07 采用同样的方法，继续添加其他文本内容，效果如图 4-97 所示。

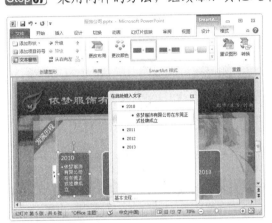

图 4-96　降级并输入文本

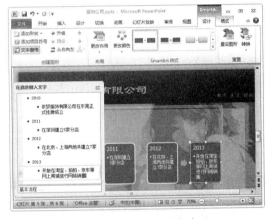

图 4-97　添加其他文本

Step 08 根据需要在"开始"选项卡下"字体"组中设置图形中文本的字体格式，如图 4-98 所示。

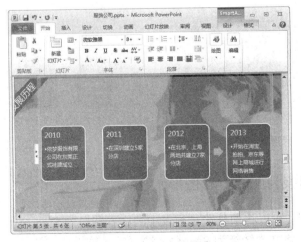

图 4-98　设置字体格式

实训 2　设置 SmartArt 图形样式

在制作幻灯片时，可以为创建的 SmartArt 图形应用预设颜色和图形样式，也可以对图形中的某个对象进行样式设置。设置 SmartArt 图形样式的具体操作方法如下。

Step 01 选中创建的 SmartArt 图形，选择"设计"选项卡，单击"更改颜色"下拉按钮，在弹出的下拉列表中选择所需的颜色效果，如图 4-99 所示。

Step 02 单击"SmartArt 样式"下拉按钮，在弹出的列表中选择所需的样式，如图 4-100 所示。

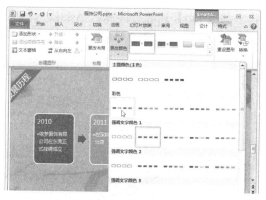

图 4-99　选择颜色效果　　　　　　　　　　图 4-100　选择 SmartArt 样式

Step 03 还可以根据需要单独设置图形中形状的样式，如选中第 2 个形状，选择"格式"选项卡，如图 4-101 所示。

Step 04 在"形状样式"组中单击"形状填充"下拉按钮，在弹出的下拉列表中选择所需的颜色，如图 4-102 所示。

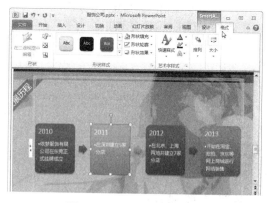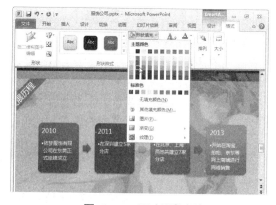

图 4-101　选择形状样式　　　　　　　　　　图 4-102　更改形状颜色

实训 3　将文本转换为 SmartArt 图形

在制作幻灯片时，可以将项目符号列表中的文本转换为 SmartArt 图形，以使观众可以更直观地理解信息。将文本转换为 SmartArt 图形的具体操作方法如下。

Step 01　复制第 5 张幻灯片，并根据需要修改内容。在幻灯片中插入文本框并输入文本，选中除"董事长"以外的文本，如图 4-103 所示。

Step 02　按【Tab】键进行降级处理，效果如图 4-104 所示，也可以在"段落"组中单击"降级"按钮 。

图 4-103　选中文本

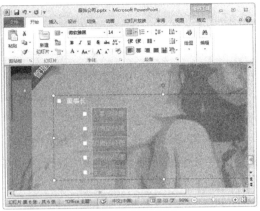

图 4-104　降级文本

Step 03　选中文本框中的全部文本，在"段落"组中单击"转换为 SmartArt 图形"下拉按钮 ，在弹出的下拉列表中选择"组织结构图"类型，如图 4-105 所示。

Step 04　此时即可将文字转换为 SmartArt 图形，根据需要设置图形中文本的字体格式，效果如图 4-106 所示。若要将 SmartArt 图形转换为文本，可在"设计"组中单击"转换"下拉按钮，在弹出的下拉列表中选择"转换为文本"选项。

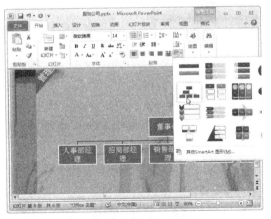

图 4-105　选择图形类型

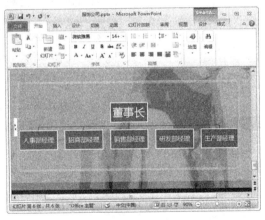

图 4-106　查看图形效果

实训 4　更改 SmartArt 图形布局

若对创建的 SmartArt 图形布局不满意，可以尝试更换其布局样式，具体操作方法如下。

Step 01　选中 SmartArt 图形，选择"设计"选项卡，然后单击"更改布局"下拉按钮，如图 4-107 所示。

图 4-107　单击"更改布局"下拉按钮

Step 02 在弹出的列表中选择"圆形图片层次结构"类型，如图 4-108 所示。

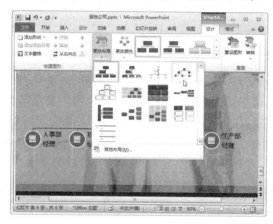

图 4-108　选择新布局类型

Step 03 此时，即可将"组织结构图"布局转换为"圆形图片层次结构"布局。根据需要调整文本的字号，单击图片占位符，如图 4-109 所示。

Step 04 弹出"插入图片"对话框，选择要插入的图片，然后单击"插入"按钮，如图 4-110 所示。

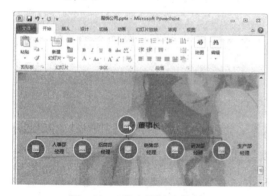

图 4-109　单击图片占位符

图 4-110　"插入图片"对话框

Step 05 此时，即可将所选图片插入形状中。选中图片，选择"格式"选项卡，单击"裁剪"按钮，如图 4-111 所示。

Step 06 进入裁剪状态，根据需要调整图片在形状中的大小和位置，如图 4-112 所示。

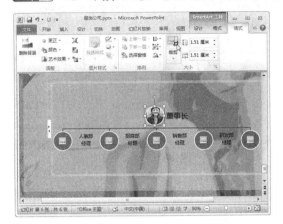

图 4-111 单击"裁剪"按钮

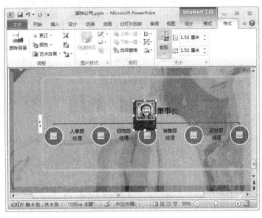

图 4-112 裁剪图片

Step 07 采用同样的方法，在其他图片占位符中插入图片，如图 4-113 所示。

Step 08 为 SmartArt 图形应用样式，并根据需要单独调整某个形状，如图 4-114 所示。

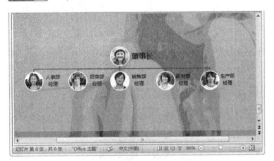

图 4-113 插入其他图片

图 4-114 应用图形样式

4.6 图形型幻灯片制作技巧

在本节中将详细介绍在制作图形型幻灯片时的一些实用技巧，作为前面所学内容的补充和巩固，以提升创作质量和效率。

实训 1 快速插入图片

前面介绍的在幻灯片中插入图片的方法均为通过"插入图片"对话框进行操作的，实际上还可以使用更为简便的操作方法：在电脑中找到要插入的图片，在工具栏中单击"组织" | "复制"命令，如图 4-115 所示。切换到 PowerPoint 2010 中，按【Ctrl+V】组合键即可插入图片，如图 4-116 所示。

图 4-115　复制图片

图 4-116　粘贴图片

实训 2　选中多个对象的方法

要选中幻灯片中的多个对象，可在按住【Shift】键的同时依次单击对象，还可以通过拖动鼠标框选对象，如图 4-117 所示。

在"格式"选项卡下单击"选择窗格"按钮，打开"选择和可见性"窗格，按住【Ctrl】键的同时单击对象即可选中多个对象，如图 4-118 所示。单击对象右侧的图标，还可以隐藏对象。

图 4-117　框选对象

图 4-118　使用"选择和可见性"窗格选择对象

实训 3　删除图片背景

在 PowerPoint 2010 中不仅可以将图片背景处理为透明，还可以定义要删除的背景图像，具体操作方法如下。

Step 01 打开素材文件"删除图片背景.pptx"，选中图片，选择"格式"选项卡，单击"删除背景"按钮，如下图 4-119 所示。

Step 02 此时即可进入删除背景状态，蓝色的区域为要删除的图像。拖动线框，设置要保留的图片大小，如图 4-120 所示。

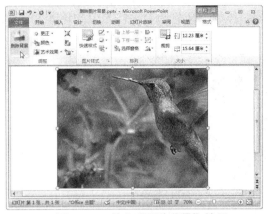

图 4-119 单击"删除背景"按钮

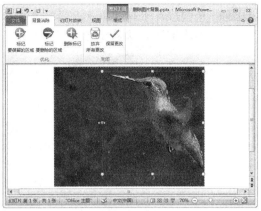

图 4-120 调整要保留的图片大小

Step 03 在功能区中单击"标记要保留的区域"按钮,在图像中通过拖动或单击,标记要保留的图像,如图 4-121 所示。

Step 04 继续标记要保留的图像,完成后单击"保留更改"按钮,如图 4-122 所示。

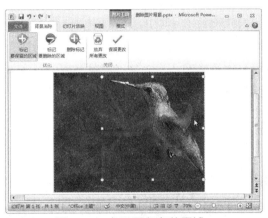

图 4-121 标记要保留的区域

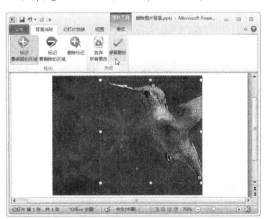

图 4-122 单击"保留更改"按钮

Step 05 此时,即可查看删除图片背景后的图片效果,如图 4-123 所示。

图 4-123 查看删除图片背景效果

Step 06 在幻灯片中插入图片并将其置于最底层，然后调整蜂鸟图像的大小和位置并进行
水平翻转，效果如图 4-124 所示。

图 4-124　插入图像

实训 4　虚化部分图片与背景融合

制作演示文稿选择背景时，一般适宜选择相对简单的图片，背景过于复杂会影响主题
的表达。当选择的背景图片不太合适时，可以对其进行处理，化繁为简，以满足设计需求。
下面将介绍如何虚化部分图片，将其与背景融合，具体操作方法如下。

Step 01 打开幻灯片素材文件"背景虚化.pptx"，可以看到由于背景过于花哨，文字在图片
中难以辨别，如图 4-125 所示。

Step 02 在幻灯片中绘制一个与幻灯片等高的矩形，如图 4-126 所示。

　　图 4-125　背景过于花哨

　　图 4-126　绘制矩形

Step 03 在矩形上右击，在弹出的快捷菜单中选择"设置形状格式"命令，如图 4-127 所示。

Step 04 弹出"设置形状格式"对话框，选中"渐变填充"单选按钮，设置"类型"为"线
型"，"角度"为 180°。设置光圈 1 的颜色为白色、位置为 45%、透明度为 15%，
如图 4-128 所示。

图 4-127　选择 "设置形状格式" 命令　　　　图 4-128　"设置形状格式" 对话框

Step 05　选中第二个渐变光圈，设置其颜色为白色、位置为 100%、透明度为 90%，如图 4-129 所示。

图 4-129　设置渐变光圈 2 的参数

Step 06　在左侧选择 "线条颜色" 选项，选中 "无线条" 单选按钮，然后单击 "关闭" 按钮，如图 4-130 所示。

图 4-130　设置无线条

Step 07 选中矩形并右击，在弹出的快捷菜单中选择"置于底层"｜"下移一层"命令，如图 4-131 所示。

Step 08 此时，矩形被放置在文字的下方、背景图片的上方，效果看起来好了很多，如图 4-132 所示。

图 4-131　选择"下移一层"命令

图 4-132　查看幻灯片效果

实训 5　使用形状改变图片颜色

用户可以利用形状的渐变填充和透明度属性使图片色彩发生渐变，具体操作方法如下。

Step 01 打开素材文件"设置图片渐变色.pptx"，选中图片，选择"格式"选项卡，单击"颜色"下拉按钮，在弹出的列表中为图片重新着色，如图 4-133 所示。

Step 02 在幻灯片中绘制一个黑色无边框的矩形形状，在"格式"选项卡下单击"形状样式"组右下角的扩展按钮，如图 4-134 所示。

图 4-133　为图片重新着色

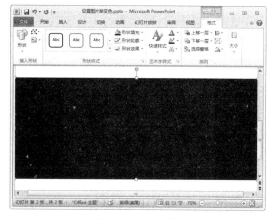

图 4-134　绘制矩形

Step 03 弹出"设置形状格式"对话框，在"填充"选项中设置渐变填充，并设置透明度为 70%，单击"关闭"按钮，如图 4-135 所示。

Step 04 此时，即可看到图片颜色呈现出渐变色，如图 4-136 所示。

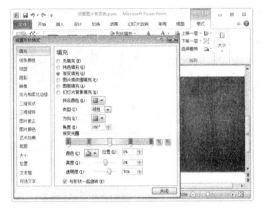

图 4-135　设置渐变填充和透明度

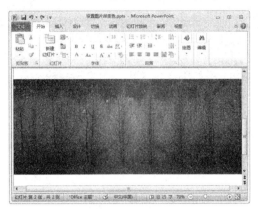

图 4-136　查看图片效果

实训 6　在幻灯片中批量插入图片

若要在幻灯片中插入批量的图片，且每页所插入的图片按一定顺序分布，则应采用类似相册的制作方法来实现，具体操作方法如下：

Step 01　在"插入"选项卡下的"图像"组中单击"相册"按钮，如图 4-137 所示。

图 4-137　单击"相册"按钮

Step 02　弹出"相册"对话框，单击"文件/磁盘"按钮。添加相册内容，可以是图片，也可以是文本，如图 4-138 所示。

Step 03　弹出"插入新图片"对话框，选择希望批量插入的图片，单击"插入"按钮，如图 4-139 所示。

Step 04　对相册显示的各项参数进行设置，包括图片顺序、方向、对比度、亮度等，然后单击"创建"按钮，如图 4-140 所示。

Step 05　此时，即可得到白色背景的图片集，如图 4-141 所示。

图 4-138 "相册"对话框

图 4-139 "插入新图片"对话框

图 4-140 设置相册参数

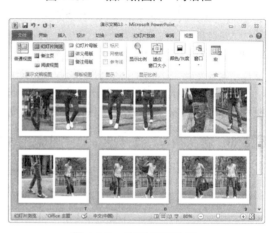

图 4-141 查看相册效果

Step 06 对图片集进行编辑，换上合适的背景，并调整大小和位置，如图 4-142 所示。

图 4-142 设置幻灯片背景

实训 7 压缩图片

有时演示文稿中插入的图片很多，导致幻灯片文件很大，这样通过邮件发送演示文稿或在论坛上传演示文稿都会变得比较麻烦。此时，可以使用 PowerPoint 自带的图片压缩功能对图片进行压缩，具体操作方法如下。

Step 01 选中幻灯片中的图片，在"格式"选项卡的"调整"组中单击"压缩图片"按钮，如图 4-143 所示。

Step 02 弹出"压缩图片"对话框，根据需要设置压缩选项，然后单击"确定"按钮即可，如图 4-144 所示。

图 4-143 单击"压缩图片"按钮

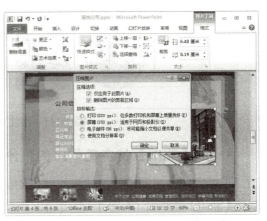

图 4-144 "压缩图片"对话框

实训 8 巧用【Shift】和【Ctrl】键绘制形状

在 PowerPoint 中绘图时，常常会遇到线画不直、角对不准、拉伸变形等问题。遇到这样的问题时，可以配合使用【Shift】和【Ctrl】键进行解决，从而提高我们的工作效率。

1. 绘制直线

在绘制直线时按住【Shift】键，可以画出水平线和 45°倍数的直线。

选择直线形状＼，按住【Shift】键在幻灯片窗口进行绘制，可以画出 45°角倍数的直线，如图 4-145 所示。

如果觉得直线不够长需要延伸时，可按住【Shift】键的同时拉伸线的一端，绘制的仍是 45°倍数的延长线，如图 4-146 所示。

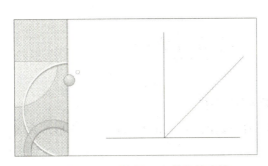

图 4-145 绘制 45°倍数的直线

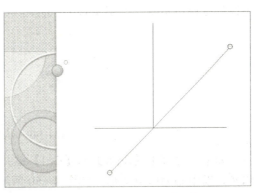

图 4-146 拉伸直线

2. 绘制正圆形

在绘制圆形、矩形、三边形和四边形等基本图形时，按住【Shift】键可以画出按照默认图形形状比例放大或缩小的图形，不会产生变形。例如，按住【Shift】键进行绘制，椭圆会变成正圆，矩形会变成正方形，三角形会变成等边三角形，六边形会变为正六边形，如图 4-147 所示。

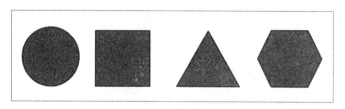

图 4-147　按住【Shift】键绘制形状

3. 用【Shift】键实现等比例拉伸图形

在对绘制的图形进行拉伸操作时，如果想保持图形比例不变，只需在拉伸图形的同时按住【Shift】键即可，如图 4-148 所示。需要注意的是，【Shift】键只对角部拉伸按钮有用，对水平和垂直按钮没有作用。

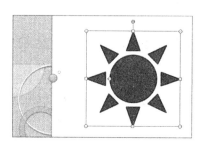

图 4-148　等比例拉伸形状

4. 用【Ctrl】键实现居中拉伸图形

无论是否使用【Shift】键，在拉伸图形时总是向一个方向移动，这样图形无法保持居中，拉伸后还需要调整图像的位置。如果按住【Ctrl】键的同时拉伸图形，则中心的位置可以始终保持不变，如图 4-149 所示。

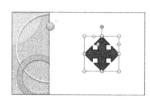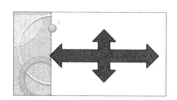

图 4-149　从中心位置拉伸形状

如果同时按下【Shift】和【Ctrl】键并拖动角部按钮，则无论怎么拉伸，图形都会等比例、以中心为原点变形，如图 4-150 所示。

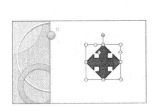 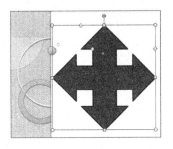

图 4-150　从中心位置等比例拉伸形状

5.　用【Ctrl】和【Shift】键复制图像

选中要复制的对象，按【Ctrl+D】组合键可以快速复制图像。当连续按【Ctrl+D】组合键时，就会在右下侧连续复制图形，且保持相同的距离，如图 4-151 所示。这是一种最快的复制方法，但复制完成后还需调整图形的位置。

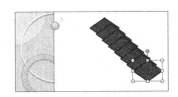

图 4-151　按【Ctrl+D】组合键复制形状

选中要复制的对象，按住【Ctrl】键的同时用鼠标拖动图形到任意位置，即可复制对象到该位置，如图 4-152 所示。

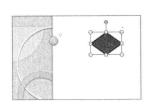 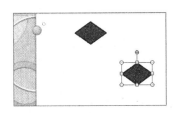

图 4-152　按住【Ctrl】键复制形状

选中要复制的对象，按住【Ctrl】和【Shift】键的同时用鼠标拖动对象，鼠标只能沿水平方向和垂直方向移动，这样在复制对象的同时也保持了对象的对齐，如图 4-153 所示。

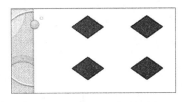

图 4-153　复制形状并对齐

如果只按住【Shift】键而不按住【Ctrl】键时拖动对象，则只是沿直线移动而不复制对象，如图 4-154 所示。

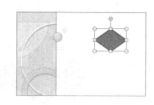

图 4-154　沿直线拖动形状

实训 9　图形颜色填充技巧

在幻灯片中，绘制的图形如果没有填充颜色的话，会显得非常不美观。图形的色彩还能让其与背景相区分，且不同的色彩代表了不同的含义，因此图形颜色的填充具有重要的意义。

1. 渐变填充

渐变分为两种：一种是异色渐变，即图形本身有两种以上不同颜色的变化；另一种是同色渐变，即图形本身只有一种颜色，但这种颜色在明度或饱和度上产生逐渐的变化效果。

使用渐变效果可以增加演示文稿的生动性，进行渐变填充的具体操作方法如下。

Step 01 打开素材文件"渐变填充.pptx"，选中要填充的图形，选择"格式"选项卡，然后在"形状样式"组中单击"形状填充"下拉按钮，在弹出的下拉列表中选择"渐变"|"其他渐变"选项，如图 4-155 所示。

Step 02 弹出"设置形状格式"对话框，选中"渐变填充"单选按钮，并设置"类型"为"线性""角度"为 315°，如图 4-156 所示。

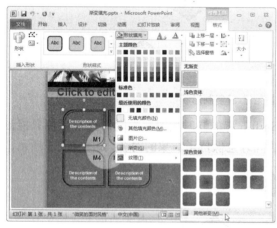
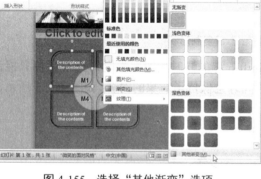

图 4-155　选择"其他渐变"选项　　　　图 4-156　"设置形状格式"对话框

Step 03 设置光圈 1 为 RGB（155,67,98），光圈 2 为 RGB（222,96,141），此时即可得到填充渐变后的图形效果，如图 4-157 所示。

Step 04 在"形状样式"组中单击"形状轮廓"下拉按钮，在弹出的下拉列表中选择白色，如图 4-158 所示。

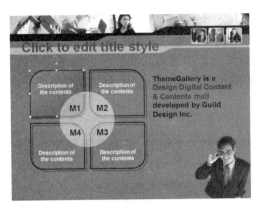

图 4-157　查看渐变填充效果

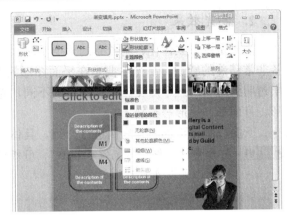

图 4-158　添加形状轮廓

Step 05　此时，即可查看将图形轮廓色改为白色后的效果，如图 4-159 所示。

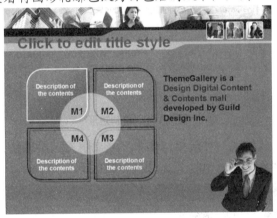

图 4-159　查看形状效果

Step 06　采用同样的方法，为其他几个图形填充渐变色，效果如图 4-160 所示。

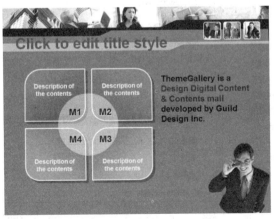

图 4-160　设置其他图形渐变填充

2. 高光效果

高光是图形立体化、剔透感的重要手段。一个平面的图形只要加上高光效果，就能具备非常精美的感觉。高光主要是在平面图形的上面加一个半透明的图形，一般是由白色、半透明到透明的一个渐变。根据图形的不同，光源的形状、强弱不同而不同，有圆形、矩形、月牙形、星形等类别。

下面以制作矩形高光为例进行介绍，具体操作方法如下。

Step 01 打开素材文件"高光效果.pptx"，用矩形工具绘制一个矩形，默认带有填充颜色和轮廓，如图 4-161 所示。

图 4-161　绘制矩形

Step 02 打开"设置形状格式"对话框，选中"渐变填充"单选按钮，然后设置"类型"为"线性"，"角度"为 90°，如图 4-162 所示。

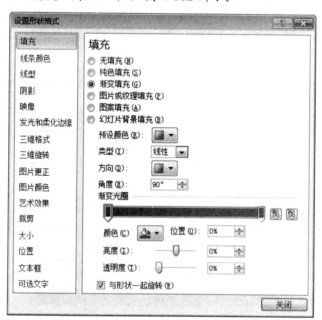

图 4-162　"设置形状格式"对话框

Step 03 将第一个渐变光圈设置为白色，设置"透明度"为 40%，如图 4-163 所示。

Step 04 将第二个渐变光圈设置为任意色，设置"透明度"为 100%，如图 4-164 所示。

| 图 4-163　设置渐变光圈 1 | 图 4-164　设置渐变光圈 2 |

Step 05　设置形状轮廓为无轮廓，查看图形高光效果，如图 4-165 所示。

Step 06　复制几个透明图形，并调整它们的位置，即可得到高光效果，如图 4-166 所示。

图 4-165　查看高光效果

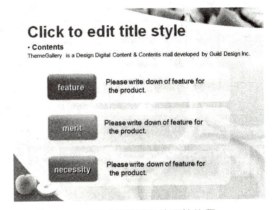

图 4-166　复制透明图形并调整位置

本章小结

通过本章的学习，读者应重点掌握以下知识：

（1）可以通过编辑形状来改变形状的样式。

（2）通过"更改图片"命令可以快速更换当前图片。

（3）为图片添加样式可以使图片更加美观和醒目。

（4）要删除图片样式可以执行"重设图片"命令。

（5）通过调整对象层次、对齐对象和组合对象可以在幻灯片中快速排列对象。

（6）SmartArt 图形是信息和观点的视觉表示形式，可以通过从多种不同布局中进行选择来创建 SmartArt 图形，从而快速、轻松、有效地传达信息。

（7）掌握图片型幻灯片的设计技巧，可以大大地提高幻灯片的演示质量和制作效率。

本章习题

（1）练习使用格式刷复制图片格式的操作。

（2）在幻灯片中插入三个空心弧形状，并对形状进行编辑，效果如图 4-167 所示。

（3）在幻灯片中插入图片和形状，将形状置于图片上方，并对形状进行编辑，效果如图 4-168 所示。

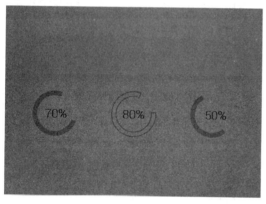

图 4-167　编辑形状

图 4-168　插入文本框并设置艺术字

（4）使用形状绘制流程图并设置效果，如图 4-169 所示。

（5）结合本章内容制作"产品展示"的幻灯片效果，如图 4-170 所示。

图 4-169　绘制流程图

图 4-170　制作"产品展示"幻灯片

操作提示：

① 更改矩形形状的填充色。

② 在形状中输入文本，在"段落"组中设置文本两列排列。

③ 在"设置形状格式"对话框中设置文本框的"自动调整"选项。

第5章 制作图表型幻灯片

【本章导读】

在幻灯片中插入表格可以使数据表达得更加清楚和准确，还可以使用表格对文本进行排版，从而达到更好的演示效果。使用图表可以使数据具有更好的视觉效果，更便于观众理解幻灯片的内容。本项目将详细介绍图表型幻灯片的设计方法及技巧。

【本章目标】

➢ 能熟练地在幻灯片中插入表格并设置格式。
➢ 能熟练地为要添加到幻灯片中的数值数据创建图表。

5.1 插入表格并更改布局

在本节中，将介绍在幻灯片中插入表格的多种方法，以及如何对表格的布局进行更改，如分布行列、添加与删除行列、拆分与合并单元格、设置单元格边距等。

实训 1 在幻灯片中插入表格

在幻灯片中插入表格的具体操作方法如下。

Step 01 打开素材文件"服饰公司.pptx"，选择"插入"选项卡，单击"表格"下拉按钮，选择所需网格大小，单击即可在幻灯片中插入表格，如图 5-1 所示。

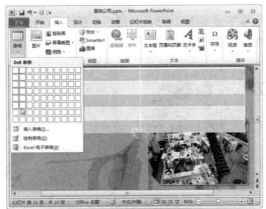

图 5-1 选择网格大小

Step 02 将鼠标指针置于表格边框上，当其变为 ⊕ 形状时进行拖动，即可移动表格的位置。拖动表格四周的控制柄，调整其大小，如图 5-2 所示。

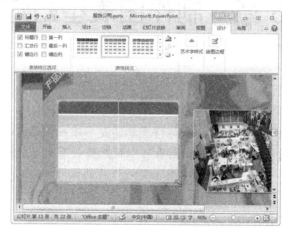

图 5-2　调整表格位置和大小

Step 03 在单元格中输入所需的文本，并设置字体格式，如图 5-3 所示。

Step 04 右击最下方的单元格，在弹出的快捷菜单中选择"插入"|"在下方插入行"命令，如图 5-4 所示。

图 5-3　输入内容

图 5-4　选择"在下方插入行"命令

Step 05 此时，即可在表格下方插入一行，如图 5-5 所示。

Step 06 在新插入的行中输入所需的内容，如图 5-6 所示。

图 5-5　插入一行

图 5-6　输入内容

实训 2 手动绘制表格

在 PowerPoint 2010 中可以手动绘制表格，这样可以更为灵活地控制表格布局。手动绘制表格的具体操作方法如下。

Step 01 在"插入"选项卡下单击"表格"下拉按钮，在弹出的下拉列表中选择"绘制表格"选项，如图 5-7 所示。

Step 02 此时鼠标指针变为笔形 ，在幻灯片中，按住鼠标左键并拖动鼠标绘制表格外侧框线，如图 5-8 所示。

图 5-7 选择"绘制表格"选项

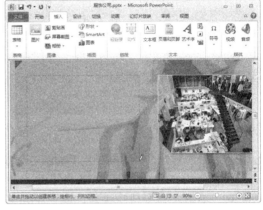

图 5-8 拖动鼠标进行绘制

Step 03 松开鼠标左键，即可绘制出表格外侧框线，如图 5-9 所示。

Step 04 将光标定位到表格中，再次选择"绘制表格"选项，在表格内部单击并拖动即可绘制表格内部框线，效果如图 5-10 所示。

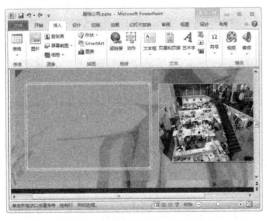

图 5-9 绘制表格外侧框线

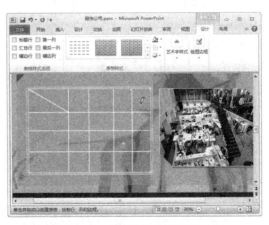

图 5-10 绘制表格内部框线

Step 05 在"设计"选项卡下"绘图边框"组中单击"擦除"按钮，如图 5-11 所示。

Step 06 此时鼠标指针变成橡皮擦形状 ，在表格框线上单击或拖动即可擦除框线，如图 5-12 所示。在"绘制表格"状态下按住【Shift】键可临时切换为橡皮擦模式，再次单击"绘制表格"按钮或按【Esc】键，即可退出"绘制表格"状态。

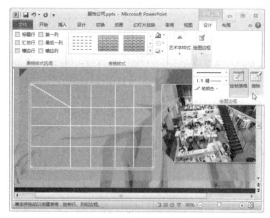

图 5-11　单击"擦除"按钮

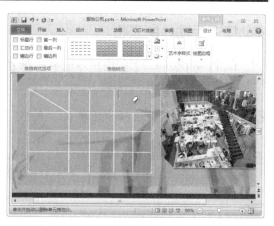

图 5-12　擦除框线

实训3　分布行与列

通过分布行和分布列操作可以使所选的行与列之间平均分布高度或宽度，具体操作方法如下。

Step 01 将光标定位在表格中，选择"布局"选项卡，在"单元格大小"组中单击"分布行"按钮 ，即可将表格中的各行设置为相同的高度，如图 5-13 所示。

Step 02 单击"分布列"按钮，即可将表格中各列设置为相同的宽度，如图 5-14 所示。

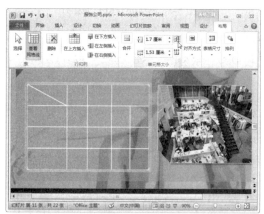

图 5-13　分布行

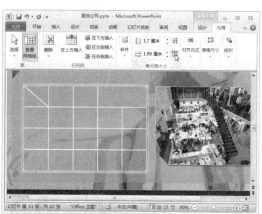

图 5-14　分布列

实训4　插入和删除行、列

若要增加或减少表格中的行数或列数，可以执行插入和删除行与列的操作，具体操作方法如下。

Step 01 将光标定位到表格右上方的单元格中，在"布局"选项卡下"行和列"组单击"在右侧插入"按钮，如图 5-15 所示。

Step 02 此时，即可在光标右侧插入一列，如图 5-16 所示。

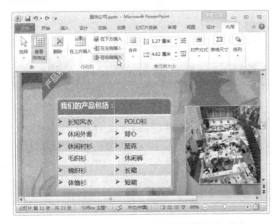

图 5-15 单击"在右侧插入"按钮

图 5-16 在右侧插入列

Step 03 单击"在上方插入"按钮，即可在光标上方插入一行，如图 5-17 所示。若要同时插入多行或多列，可选中相应数目的行或列后执行插入操作。

Step 04 若要删除行或列，可将其选中后在"行和列"组中单击"删除"下拉按钮，在弹出的下拉列表中选择所需的选项，如图 5-18 所示。也可以通过右击选择单元格，在弹出的快捷菜单中选择"删除行"或"删除列"命令。

图 5-17 在上方插入行

图 5-18 删除行或列

实训 5 拆分单元格

用户可以将所选的单元格拆分为想要的数目，以更改表格的布局，可以通过以下两种方法来拆分单元格。

方法 1: 通过对话框拆分单元格

Step 01 将光标定位到左上方的单元格中，在"布局"选项卡下"合并"组单击"拆分单元格"按钮，如图 5-19 所示。

Step 02 弹出"拆分单元格"对话框，设置列数为 2，行数为 1，然后单击"确定"按钮，如图 5-20 所示。

图 5-19 单击"拆分单元格"按钮 图 5-20 设置拆分行数和列数

Step 03 此时，即可查看单元格拆分效果，如图 5-21 所示。还可以右击单元格，在弹出的快捷菜单中选择"拆分单元格"命令来执行拆分操作，如图 5-22 所示。

图 5-21 查看拆分单元格效果 图 5-22 选择"拆分单元格"命令

方法 2：通过绘制表格拆分单元格

Step 01 在"设计"选项卡下"绘图边框"组中单击"绘制表格"按钮，如图 5-23 所示。

Step 02 此时即可进入"绘制表格"状态，在单元格中拖动鼠标绘制单元格框线进行拆分即可，如图 5-24 所示。

图 5-23 单击"绘制表格"按钮 图 5-24 绘制单元格框线

实训 6　合并单元格

用户可以将所选的单元格合并为一个单元格，以更改表格的布局，可以通过以下两种方法来合并单元格。

方法 1：通过按钮合并单元格

Step 01 选中第 1 行的所有单元格，在"布局"选项卡下"合并"组中单击"合并单元格"按钮，如图 5-25 所示。

Step 02 此时，即可将所选单元格合并为一个单元格，在其中输入所需的内容，效果如图 5-26 所示。

图 5-25　单击"合并单元格"按钮

图 5-26　合并单元格并输入内容

方法 2：通过擦除框线合并单元格

Step 01 在"设计"选项卡下"绘图边框"组中单击"擦除"按钮，如图 5-27 所示。

Step 02 在单元格框线上单击即可擦除框线，实现单元格合并，如图 5-28 所示。

图 5-27　单击"擦除"按钮

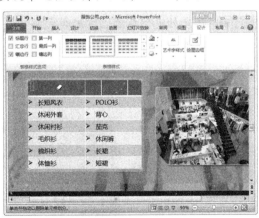

图 5-28　擦除框线

实训 7　精确调整表格与单元格大小

用户可以通过拖动表格框线来调整表格或单元格的大小，但无法精确地调整其高度和宽度。要精确地控制表格或单元格的大小，可以采用下面介绍的方法。

1. 精确调整表格大小

精确调整表格大小的具体操作方法如下。

Step 01 将光标定位在表格中，选择"布局"选项卡，在"表格尺寸"组中设置表格的宽度和高度即可，如图 5-29 所示。

Step 02 若要使表格的宽度和高度保持一定的比例，在调整表格大小时可选中"锁定纵横比"复选框，此时若调整高度，宽度将按比例自动调整，如图 5-30 所示。

图 5-29　设置表格大小

图 5-30　锁定纵横比

2. 设置单元格大小

设置单元格大小的具体操作方法如下。

Step 01 将光标定位在最上方的单元格中，在"单元格大小"组中设置宽度和高度即可，如图 5-31 所示。

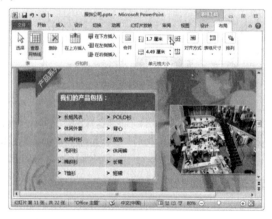

图 5-31　设置单元格大小

Step 02 选中除第 1 行外的所有单元格，在"单元格大小"组中设置单元格的宽度和高度，效果如图 5-32 所示。

图 5-32　设置多个单元格大小

实训 8　设置单元格边距

单元格边距是指单元格框线与内容之间的距离，用户可根据需要自定义单元格边距大小，具体操作方法如下。

Step 01 选中除第 1 行外的所有单元格，在"对齐方式"组中单击"单元格边距"下拉按钮，在弹出的下拉列表中选择"自定义边距"选项，如图 5-33 所示。

Step 02 弹出"单元格文字版式"对话框，设置单元格的左边距，然后单击"预览"按钮，如图 5-34 所示。

图 5-33　选择"自定义边距"选项

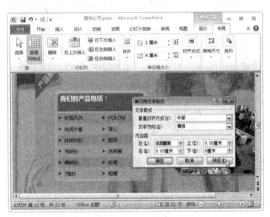

图 5-34　设置单元格边距

Step 03 此时，即可在幻灯片中看到文本与单元格左框线的距离变宽，如图 5-35 所示。

Step 04 若要将单元格边距改回默认值，可在"单元格边距"下拉列表中选择"正常"选项，如图 5-36 所示。

中文版 PowerPoint 2010 演示文稿制作实训教程

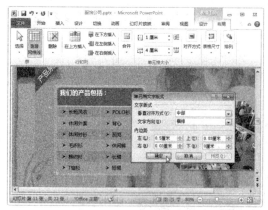

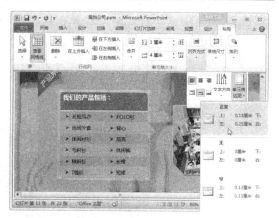

图 5-35　查看单元格边距效果　　　　　　　图 5-36　恢复正常边距

实训 9　设置单元格对齐方式

单元格包括多种对齐方式，用户可以根据需要进行设置，具体操作方法如下。

Step 01　将光标定位到最上方的单元格中，在"对齐方式"组中单击"底端对齐"按钮，效果如图 5-37 所示。

Step 02　单击"居中"和单击"垂直居中"按钮，效果如图 5-38 所示。

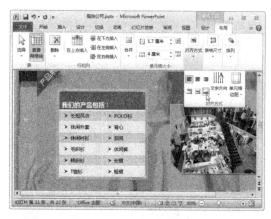

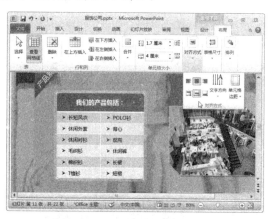

图 5-37　设置底端对齐　　　　　　　　　图 5-38　设置居中对齐

实训 10　从 Excel 导入电子表格

Excel 2010 是 Ofiice 2010 组件中强大的数据处理软件，利用它可以很方便地制作电子表格，还可以对数据进行编辑与处理。在 PowerPoint 2010 中可以很轻松地导入 Excel 电子表格，具体操作方法如下。

Step 01　在"插入"选项卡下单击"表格"下拉按钮，在弹出的下拉列表中选择"Excel 电子表格"选项，如图 5-39 所示。

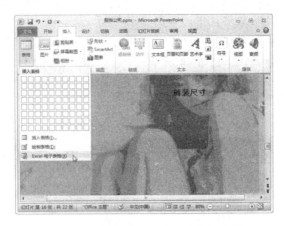

图 5-39 选择"Excel 电子表格"选项

Step 02 此时，即可启动 Excel 2010 程序，从中编辑数据，拖动外边框调整表格大小，如图 5-40 所示。

Step 03 在幻灯片中单击即可完成编辑操作，查看插入的 Excel 电子表格，如图 5-41 所示。此时的表格是以嵌入方式插入的，无法在 PowerPoint 中编辑数据。若要编辑数据，可双击表格激活 Excel 程序。

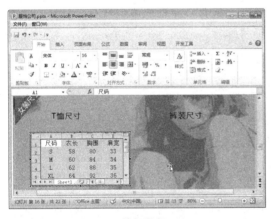

图 5-40 编辑数据

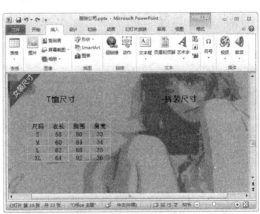

图 5-41 插入 Excel 电子表格

以上插入 Excel 电子表格的方法，编辑起来不是很方便，还可采用复制 Excel 表格的方法在幻灯片中插入表格，其方法如下。

Step 01 在 Excel 程序中编辑好数据及格式，在"剪贴板"组中单击"复制"按钮复制数据，如图 5-42 所示。

Step 02 切换到 PowerPoint 程序中，在"剪贴板"组中单击"粘贴"下拉按钮，在弹出的粘贴选项中单击"使用目标样式"按钮，即可将 Excel 表

图 5-42 复制 Excel 表格数据

格以默认样式插入幻灯片中，如图 5-43 所示。

Step 03 在"粘贴"下拉列表中单击"保留源格式"按钮🖫，即可将 Excel 表格插入幻灯片中并保留源样式，如图 5-44 所示。

图 5-43 "使用目标样式"粘贴效果

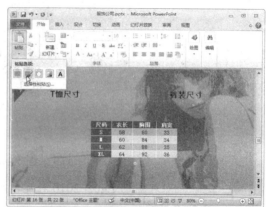

图 5-44 "保留源格式"粘贴效果

Step 04 在"粘贴"下拉列表中单击"只保留文本"按钮🅰，即可将 Excel 表格以文本格式插入幻灯片中，如图 5-45 所示。

Step 05 以"保留源格式"方式插入 Excel 表格后，该表格即可成为幻灯片中对象，用户可在 PowerPoint 中对表格进行所需的编辑操作，如图 5-46 所示。

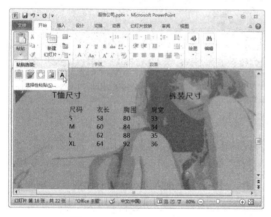

图 5-45 "只保留文本"粘贴效果

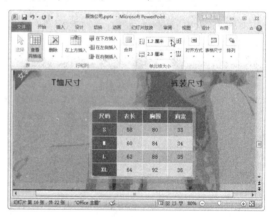

图 5-46 编辑表格

5.2 设置表格样式

用户可以使用多种方式向幻灯片中输入文本，如直接在内容占位符中输入文本，通过"大纲"窗格输入文本，使用文本框输入文本，从外部粘贴文本等，本任务将分别对其进行详细介绍。

实训 1　应用表格样式

Step 01　将光标定位在表格中，选择"设计"选项卡，在"表格样式选项"组中取消选择"标题行"复选框，即可在表格中删除标题行样式，如图 5-47 所示。

Step 02　在"表格样式"组单击所需的样式，即可将其应用到表格中，如图 5-48 所示。

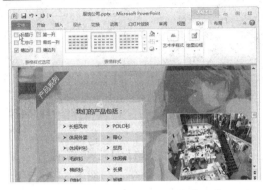

图 5-47　设置表格样式选项

图 5-48　应用表格样式

Step 03　在"表格样式"组单击"效果"下拉按钮，在弹出的列表中选择一种"单元格凹凸效果"，如图 5-49 所示。

Step 04　采用同样的方法，为最上方的单元格应用凹凸效果，然后在"效果"列表中选择一种"阴影"效果，如图 5-50 所示。

图 5-49　添加单元格凹凸效果

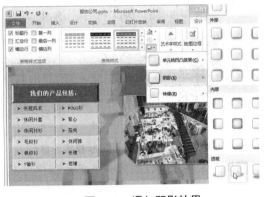

图 5-50　添加阴影效果

实训 2　自定义表格样式

Step 01　在幻灯片中插入表格并应用样式，如图 5-51 所示。

Step 02　选中表格，在"表格样式"组单击"底纹"下拉按钮，在弹出的下拉列表中选择"无填充颜色"选项，如图 5-52 所示。

图 5-51　插入表格

Step 03 单击"底纹"下拉按钮 ⚬，在弹出的下拉列表中选择"表格背景"|"无填充颜色"选项，查看此时的表格效果，如图 5-53 所示。

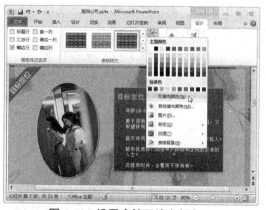

图 5-52 设置底纹无填充颜色　　　　　图 5-53 设置表格背景无填充颜色

Step 04 右击表格，在弹出的快捷菜单中选择"设置形状格式"命令，如图 5-54 所示。

Step 05 弹出"设置形状格式"对话框，选中"纯色填充"单选按钮，然后选择所需的颜色，并设置"透明度"为 50%，如图 5-55 所示。

图 5-54 选择"设置形状格式"命令　　　　图 5-55 设置表格纯色填充

Step 06 将光标定位到第一个单元格中，更改填充颜色，如图 5-56 所示。

图 5-56 更改填充颜色

Step 07 在"设计"选项卡下"绘图边框"组中单击"笔样式"下拉按钮，选择所需的样式，如图 5-57 所示。

Step 08 在"绘图边框"组中设置"笔画粗细"和"笔颜色"，如图 5-58 所示。

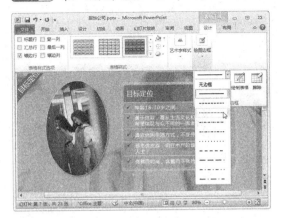

图 5-57　选择"笔样式"

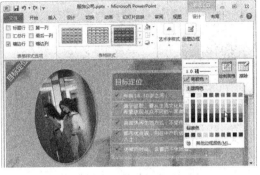

图 5-58　设置"笔画粗细"和"笔颜色"

Step 09 在表格内的框线上单击即可更改框线样式，如图 5-59 所示。

Step 10 采用同样的方法，更改其他框线的样式，并为表格应用阴影样式，效果如图 5-60 所示。

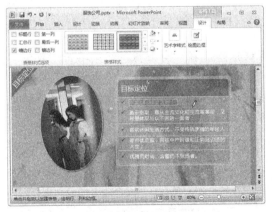

图 5-59　更改框线样式

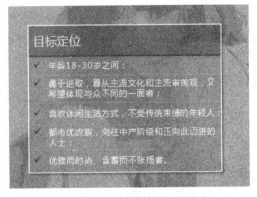

图 5-60　查看自定义表格样式效果

5.3　表格应用技巧

通过前面的学习，读者已经掌握了在幻灯片中创建表格并设置格式的操作方法。本节将详细介绍一些表格应用的技巧，以巩固和拓展。

实训 1　拆分表格

在制作幻灯片表格时，可以根据需要将一个表格拆分为多个，具体操作方法如下。

Step 01 选中要拆分的单元格区域，在"剪贴板"组中单击"剪切"按钮或按【Ctrl+X】组合键，如图 5-61 所示。

Step 02 按【Ctrl+V】组合键进行粘贴，此时所选单元格区域即可作为一个独立的表格插入幻灯片中，如图 5-62 所示。

图 5-61　剪切单元格区域

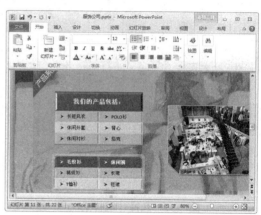

图 5-62　粘贴单元格区域

实训 2　将表格更改为图片

用户可以根据需要将表格更改为图片形式，这样它就具有了图片的特性，可以为其应用图片样式。将表格更改为图片的具体操作方法如下。

Step 01 选中表格后按【Ctrl+X】组合键执行剪切操作，在"剪贴板"组中单击"粘贴"下拉按钮，在弹出的下拉列表中单击"图片"按钮，如图 5-63 所示。

Step 02 此时表格即可作为一个图片插入幻灯片中，选择"格式"选项卡，可以对表格进行裁剪、添加图片效果等操作，如图 5-64 所示。

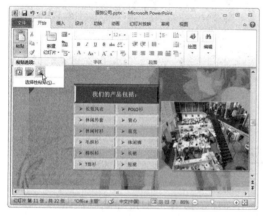

图 5-63　单击"图片"按钮

图 5-64　添加图片效果

实训 3　使用表格制作图片网格效果

使用表格可以制作图片半透明网格的效果，具体操作方法如下。

Step 01 在幻灯片中插入表格，按照任务二中介绍的方法对单元格设置半透明的背景色，效果如图 5-65 所示。

Step 02 在幻灯片中插入一张图片，并将其置于表格的下层，即可制作出图片网格效果，如图 5-66 所示。

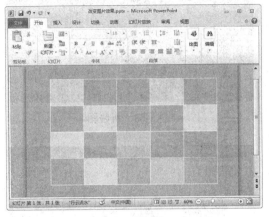

图 5-65 插入表格并设置格式

图 5-66 查看图片网格效果

5.4 图表的应用

图表是设计者表达思想的重要工具。在演示文稿中创建图表，可以使数据具有更好的视觉效果，更便于观众理解幻灯片的内容。PowerPoint 中提供的强大的图表绘制功能，可以使设计者根据自己的思路随心所欲地绘制各种图表。

实训 1 选择图表

在幻灯片中创建图表可以使数据具有更形象的视觉效果，使观众更容易观察和理解数据。因为不同的图表适用于不同的情况，因此选择正确的图表类型是使信息更加突出的一个关键因素。

1. 柱形图

柱形图是一种以柱形的高低来表示数据值大小的图表，用于表示一段时间内数据的变化或描述各个项目之间数据比较的图表。它强调的是一段时间内类别数据值的变化，如图 5-67 所示。

2. 折线图

折线图在表示数据的连续性、数据的变化趋势方面有着非常显著的效果，它强调的是时间性和变动率，而不是变动量，如图 5-68 所示。

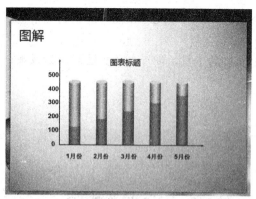

图 5-67　柱形图

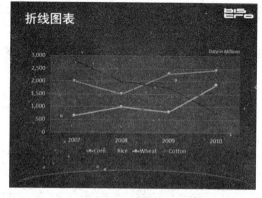

图 5-68　折线图

3．饼图

饼图对于显示各组成部分之间的大小比例关系非常有用，但它只能添加一个系列数据的比例关系，这也是饼图自身的一个特点，如图 5-69 所示。在强调某个比较重要的数据时，饼图非常有用。

4．条形图

条形图可以看成是横向的柱形图，用于描述各个项目之间数据差别的图标。与柱形

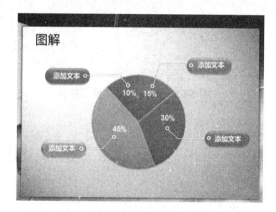

图 5-69　饼图

图相比，它不太重视时间因素，强调的是在特殊的时间点上进行分类及数值的比较，如图 5-70 所示。

5．雷达图

雷达图又称为蜘蛛网图，用于显示数据系列相对于中心点及彼此数据类别之间的变化，它的每一个分类都有自己的数字坐标轴，如图 5-71 所示。

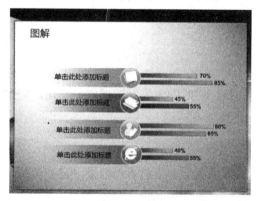

图 5-70　条形图

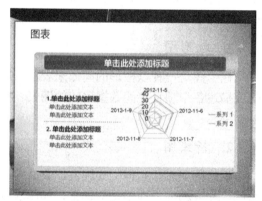

图 5-71　雷达图

实训 2　创建柱形图

PowerPoint 2010 中提供了 19 种柱形图类型，用户可根据需要选择适合的类型。下面将介绍如何在幻灯片中创建柱形图并设置其格式，具体操作方法如下。

Step 01 打开素材文件"创建柱形图.pptx"，选择"插入"选项卡，在"插图"组中单击"图表"按钮，如图 5-72 所示。

Step 02 弹出"插入图表"对话框，选择"百分比堆积圆柱图"类型，然后单击"确定"按钮，如图 5-73 所示。

图 5-72　单击"图表"按钮

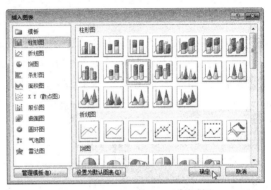

图 5-73　"插入图表"对话框

Step 03 此时，将打开 Excel 2010 程序窗口，在其中输入所需的数据，如图 5-74 所示。

Step 04 在幻灯片中可以看到插入的柱形图，效果如图 5-75 所示。

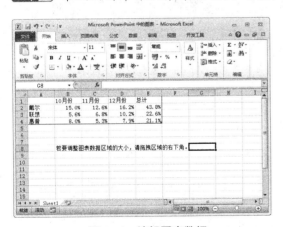

图 5-74　编辑图表数据

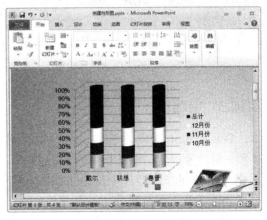

图 5-75　插入柱形图

Step 05 选中图表，然后选择"设计"选项卡，单击"快速布局"下拉按钮，在弹出的下拉列表中选择"布局 2"样式，如图 5-76 所示。

Step 06 此时，即可查看更改布局后的柱形图效果，如图 5-77 所示。选中图表标题，按【Delete】键将其删除。

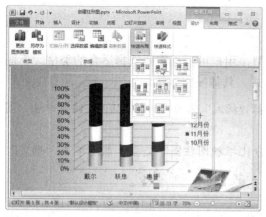

图 5-76 选择图表布局

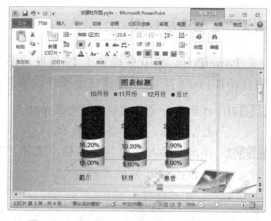

图 5-77 查看更改布局后图表的效果

Step 07 在图表中选中下方的"10月份"数据系列，选择"格式"选项卡，在"形状样式"组中单击"形状填充"下拉按钮，选择所需的填充颜色，如图 5-78 所示。

Step 08 采用同样的方法，更改其他系列的填充颜色，效果如图 5-79 所示。

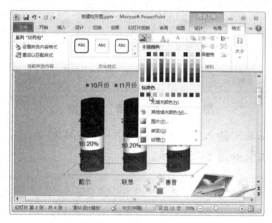

图 5-78 更改系列填充颜色

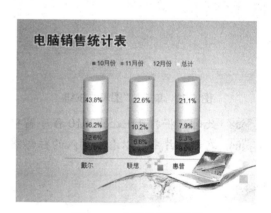

图 5-79 查看柱形图效果

实训 3 创建折线图

PowerPoint 2010 中提供了 7 种折线图类型，用户可根据需要选择适合的类型。下面将介绍如何在幻灯片中创建折线图并进行适当的美化，具体操作方法如下。

Step 01 打开素材文件"创建折线图.pptx"，选择"插入"选项卡，在"插图"组中单击"图表"按钮，弹出"插入图表"对话框，选择"带数据标记的折线图"类型，然后单击"确定"按钮，如图 5-80 所示。

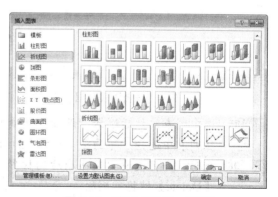

图 5-80 "插入图表"对话框

Step 02 此时，将打开 Excel 2010 程序窗口，在其中输入所需的数据，如图 5-81 所示。

Step 03 在幻灯片中可以看到插入的折线图效果，如图 5-82 所示。

图 5-81　编辑图表数据

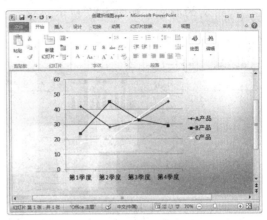

图 5-82　插入折线图

Step 04 将图表中的网格线、X 坐标轴、Y 坐标轴删除，只保留折线和图例区，如图 5-83 所示。

Step 05 选中图表，选择"设计"选项卡，单击"快速样式"下拉按钮，在弹出的下拉列表中选择所需的样式，如图 5-84 所示。

Step 06 在折线图中选中图例项，选择"格式"选项卡，在"形状样式"组中单击"形状轮廓"下拉按钮，选择所需的颜色，如图 5-85 所示。

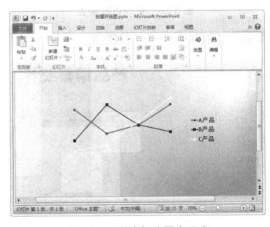

图 5-83　删除部分图表元素

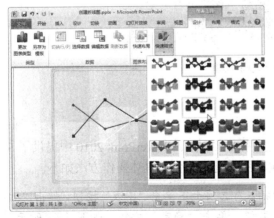

图 5-84　选择图表样式

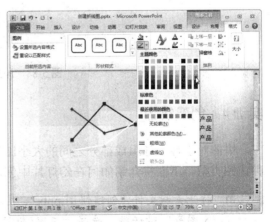

图 5-85　为图例项添加边框

Step 07 在折线图中选择"产品 A"系列的折线，单击"形状轮廓"下拉按钮 🖉▾，选择所需的虚线样式，如图 5-86 所示。

Step 08 在折线图中选择"产品 C"系列的折线，单击"形状轮廓"下拉按钮 🖉▾，选择所需的颜色，如图 5-87 所示。

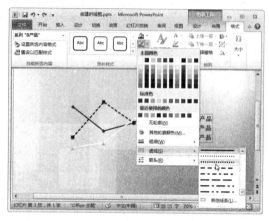

图 5-86　更改折线类型　　　　　　　图 5-87　更改折线颜色

Step 09 按照前面学过的方法，在折线图中添加形状和文本，效果如图 5-88 所示。

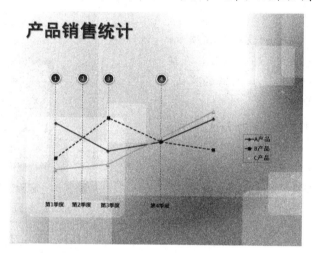

图 5-88　添加形状和文本

实训 4　创建饼图

饼图对于显示各组成部分之间的大小比例关系非常有用。PowerPoint 2010 中提供了 6 种饼图类型，下面将介绍如何在幻灯片中创建饼图并进行美化，具体操作方法如下。

Step 01 打开素材文件"创建饼图.pptx"，在"插入"选项卡下单击"图表"按钮，弹出"插入图表"对话框，选择"三维饼图"类型，单击"确定"按钮，如图 5-89 所示。

Step 02 此时，将打开 Excel 2010 程序窗口，在其中输入所需的数据，如图 5-90 所示。

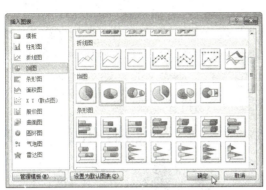

图 5-89 "插入图表"对话框

图 5-90 编辑图表数据

Step 03 此时，在幻灯片中即可看到插入的饼图。选中饼图中的扇区，选择"格式"选项卡，单击"形状样式"组右下角的扩展按钮，如图 5-91 所示。

图 5-91 插入饼图

Step 04 弹出"设置数据系列格式"对话框，设置第一扇区的起始角度为 40，然后单击"关闭"按钮，如图 5-92 所示。

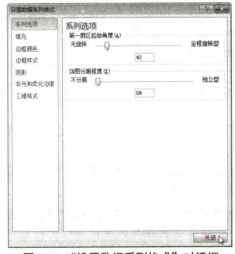

图 5-92 "设置数据系列格式"对话框

Step 05 选择"布局"选项卡，单击"数据标签"下拉按钮，在弹出的下拉列表中选择"数据标签内"选项，如图 5-93 所示。

Step 06 在饼图中选中"美体"扇区，选择"格式"选项卡，在"形状样式"组中单击"形状填充"下拉按钮，在弹出的下拉列表中选择所需的颜色，如图 5-94 所示。

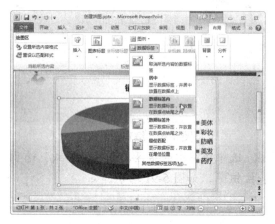

图 5-93　选择"数据标签内"选项　　　　　图 5-94　更改扇区颜色

Step 07 采用同样的方法，更改其他扇区的填充颜色，效果如图 5-95 所示。

Step 08 在饼图中插入形状、文本，并设置格式，效果如图 5-96 所示。

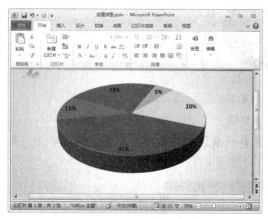 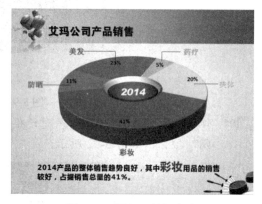

图 5-95　更改其他扇区颜色　　　　　　　图 5-96　添加形状与文本

实训 5　从 Excel 中复制图表

在幻灯片中插入图表时，可以先在 Excel 程序中创建好图表，然后将其复制到幻灯片中，具体操作方法如下。

Step 01 打开素材文件"员工工资表.xlsx"，选中图表，在"剪贴板"组中单击"复制"按钮，如图 5-97 所示。

Step 02 切换到 PowerPoint 程序中，在"剪贴板"组中单击"粘贴"下拉按钮，在弹出的下拉列表中单击"保留原格式和嵌入工作簿"按钮，如图 5-98 所示。

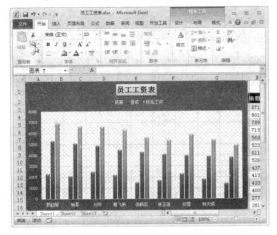

图 5-97　复制图表

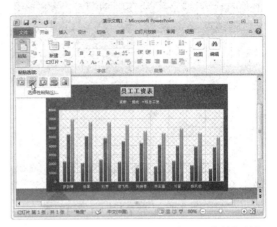

图 5-98　单击"保留原格式和嵌入工作簿"按钮

本章小结

通过本章的学习，读者应重点掌握以下知识。

（1）可以通过多种方式向幻灯片中插入表格。

（2）若要在幻灯片中插入 Excel 电子表格，可以直接从 Excel 程序中复制表格。

（3）将光标定位到表格后，在功能区选择"设计"和"布局"选项卡，可以对表格样式和布局进行更改。

（4）右击表格，在弹出的快捷菜单中也可进行更改表格布局的操作。

（5）可以在"设置形状格式"对话框中对单元格进行自定义样式设置。

（6）PowerPoint 中提供了多种类型的图表样式，通过"图表"对话框可以很方便地插入图表。若对图表类型不满意，可以根据需要随时更改图表类型。

（7）除了通过"图表"对话框插入图表，还可以直接从 Excel 程序中复制图表。

本章习题

（1）按照本章介绍的从 Excel 程序中导入表格的方法，尝试从 Word 程序中向幻灯片中导入表格。

（2）练习创建表格的方法，制作"联系我们"幻灯片的表格效果，如图 5-99 所示。

（3）在"销售网络"幻灯片中创建饼图，效果如图 5-100 所示。

图 5-99 "联系我们"表格效果

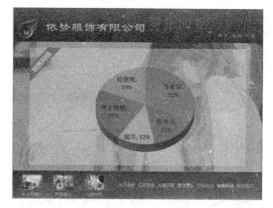

图 5-100 饼图效果

第6章 应用多媒体元素

【本章导读】

在 PPT 中使用诸如背景音乐、动作声音、音频、视频和 Flash 动画等多媒体元素，可以使制作的演示文稿有声有色，更富感染力。本项目将详细介绍如何在演示文稿中应用这些多媒体元素。

【本章目标】

➢ 掌握为演示文稿添加背景音乐的方法。
➢ 掌握为幻灯片添加旁白的方法。
➢ 掌握更改视频格式和剪裁视频的方法。

6.1 插入与设置音频文件

在幻灯片中插入音频文件，可用作背景音乐以营造气氛，还可用作幻灯片的旁白解说。在 PowerPoint 2010 中可以插入多种格式的音频文件，主要包括 WAV、MP3、WMA、MIDI、REAL 等。本节将详细介绍如何在幻灯片中插入音频文件，并进行播放设置。

实训1 插入电脑中的音频文件

下面以在幻灯片中插入一个 MP3 格式的背景音乐为例，介绍如何插入音频文件，具体操作方法如下。

Step 01 打开素材文件"服饰公司.pptx"，选择"插入"选项卡，在"媒体"组中单击"音频"下拉按钮，在弹出的下拉列表中选择"文件中的音频"选项，如图 6-1 所示。

Step 02 弹出"插入音频"对话框，选择要插入的音频文件，然后单击"插入"按钮，如图 6-2 所示。

图 6-1 选择"文件中的音频"选项

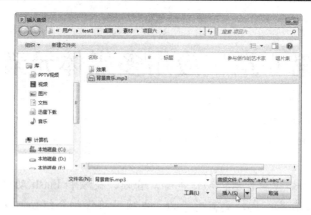

图 6-2 "插入音频"对话框

Step 03 此时，即可将音频文件插入幻灯片中，显示为一个小喇叭音频图标。将图标拖至合适的位置，单击"播放"按钮，即可播放音频，如图 6-3 所示。

Step 04 将鼠标指针置于音量按钮上，将自动弹出音量控制条，拖动滑块调节音量大小，如图 6-4 所示。

图 6-3 插入音频文件

图 6-4 调节音量

实训 2 录制音频

除了向演示文稿中插入音频外，还可以录制音频，如为当前幻灯片录制合适的旁白。要录制音频，电脑上需要配置录音设备（如麦克风）。录制音频的具体操作方法如下。

Step 01 选择"插入"选项卡，单击"媒体"组中的"音频"下拉按钮，在弹出的下拉列表中选择"录制音频"选项，如图 6-5 所示。

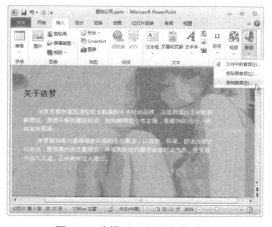

图 6-5 选择"录制音频"选项

Step 02 弹出 "录音" 对话框，在 "名称" 文本框中输入名称，然后单击 "录音" 按钮●，使用麦克风进行录音，如图 6-6 所示。

Step 03 录音完成后，单击 "停止录制" 按钮■，如图 6-7 所示。

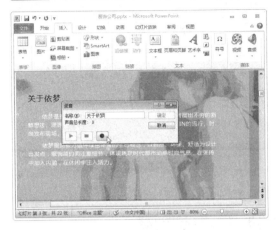

图 6-6　开始录音

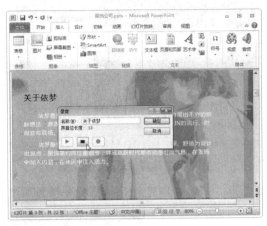

图 6-7　停止录音

Step 04 单击 "播放" 按钮▶可播放录音，确认无误后单击 "确定" 按钮，如图 6-8 所示。

Step 05 此时，即可将录制的音频插入幻灯片中，如图 6-9 所示。

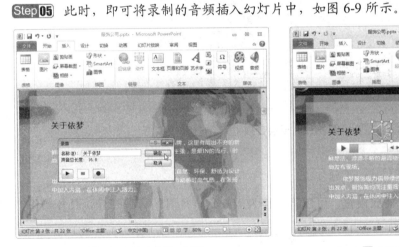

图 6-8　确定插入音频

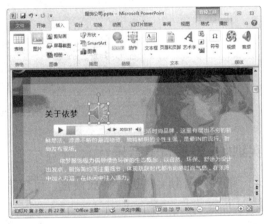

图 6-9　插入录制音频

实训 3　更换音频图标

在幻灯片中插入音频后会显示一个喇叭状的音频图标，用户可根据需要更换音频图标的样式，具体操作方法如下。

Step 01 在幻灯片中右击音频图标，在弹出的快捷菜单中选择 "更改图片" 命令，如图 6-10 所示。

Step 02 弹出 "插入图片" 对话框，选择要更换的图片，然后单击 "插入" 按钮，如图 6-11 所示。

图 6-10　选择"更改图片"命令

图 6-11　"插入图片"对话框

Step 03　此时，即可将音频图标更换为所选图片，如图 6-12 所示。

图 6-12　更换音频图标

实训 4　设置背景音乐

通过对音频文件进行播放设置，可以将其作为放映幻灯片时的背景音乐，具体操作方法如下。

Step 01　在幻灯片中选中音频图标，选择"播放"选项卡，在"音频选项"组中单击"开始"下拉按钮，在弹出的下拉列表中选择"跨幻灯片播放"选项，如图 6-13 所示。

Step 02　在"音频选项"组中选中"循环播放，直到停止"复选框，如图 6-14 所示。

图 6-13　选择"跨幻灯片播放"选项

图 6-14 设置循环播放

实训 5 编辑音频文件

在 PowerPoint 2010 中可以对音频文件进行简单的编辑操作，如添加淡入淡出效果，剪裁音频等，具体操作方法如下。

Step 01 选中音频图标，选择"播放"选项卡，在"编辑"组中设置"淡入"时间为 5 秒，即在音频文件播放的前几秒使用淡入效果，如图 6-15 所示。

Step 02 在"编辑"组中单击"剪裁"音频按钮，弹出"剪裁音频"对话框，拖动滑块调整音频文件的开始时间和结束时间，单击"确定"按钮，如图 6-16 所示。需要注意的是，剪裁音频在"跨幻灯片播放"时不起作用。

图 6-15 添加淡入效果

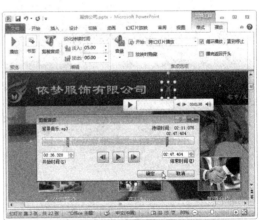

图 6-16 剪裁音频

实训 6 添加书签

为音频文件添加书签可以用来指示音频中关注的时间点，使用书签可触发动画或跳转至音频中的特定位置。为音频添加书签的具体操作方法如下：

Step 01 在音频进度条中单击定位到特定时间，在"书签"组中单击"添加书签"按钮，如图 6-17 所示。

Step 02 此时，即可在指定位置添加一个书签，显示为一个圆点，如图 6-18 所示。

图 6-17　单击"添加书签"按钮

图 6-18　添加书签

Step 03 采用同样的方法，继续为音频添加书签，如图 6-19 所示。添加书签后，在播放音频时可以按【Alt+End】和【Alt+Home】组合键跳转到书签位置。需要注意的是，添加音频书签，在"放映时隐藏"和"跨幻灯片"播放时不起作用。

Step 04 若要删除书签，只需定位到书签位置，然后在"书签"组中单击"删除书签"按钮即可，如图 6-20 所示。

图 6-19　继续添加书签

图 6-20　删除书签

实训 7　解决音频不自动播放的问题

　　虽然设置了音频自动播放，但在放映幻灯片时不起作用，出现这种问题是由于在 PowerPoint 中将播放音频视为一个动画，而该动画位于其他动画的后面，因此不会自动播放。要解决此问题，可执行以下操作。

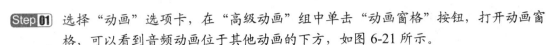

Step 01 选择"动画"选项卡，在"高级动画"组中单击"动画窗格"按钮，打开动画窗格，可以看到音频动画位于其他动画的下方，如图 6-21 所示。

Step 02 拖动音频动画至最上方，即可自动播放音频，如图 6-22 所示。

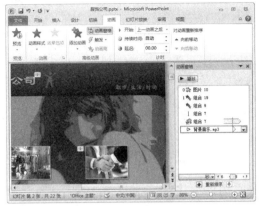
图 6-21 打开动画窗格

图 6-22 调整音频动画位置

6.2 插入与设置视频文件

在幻灯片中可用的视频格式包括 AVI、MPEG、RMVB/RM、GIF 和 SWF 等，若要插入其他格式的视频文件，应先使用格式转换软件（如格式工厂、狸窝视频转换）将其转换为可用的格式。本节将介绍如何在幻灯片中插入视频文件，并进行格式和播放设置。

实训 1 插入电脑中的视频文件

在幻灯片中插入视频文件的具体操作方法如下。

Step 01 选择"插入"选项卡，在"媒体"组中单击"视频"下拉按钮，在弹出的下拉列表中选择"文件中的视频"选项，如图 6-23 所示。

Step 02 弹出"插入视频文件"对话框，选择视频文件，然后单击"插入"按钮，如图 6-24 所示。

图 6-23 选择"文件中的视频"选项

图 6-24 "插入视频文件"对话框

Step 03 此时，即可将视频文件插入幻灯片中，根据需要调整视频对象的大小，如图 6-25 所示。

Step 04 单击视频对象下方的播放按钮▶，开始播放视频，如图 6-26 所示。

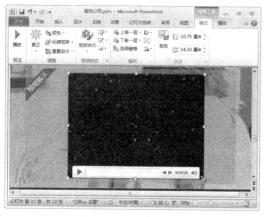

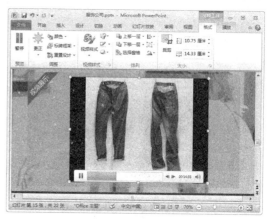

图 6-25　插入视频文件　　　　　　　　　图 6-26　开始播放视频

实训 2　为视频添加标牌框架

为视频添加标牌框架后，可以为观众提供视频在播放前的预览图像，具体操作方法如下。

Step 01 在视频对象的播放条上定位到某个位置，选择"格式"选项卡，在"调整"组中单击"标牌框架"下拉按钮，在弹出的下拉列表中选择"当前框架"选项，如图 6-27 所示。

Step 02 此时，即可将视频当前位置的图像设置为视频预览图像，如图 6-28 所示。

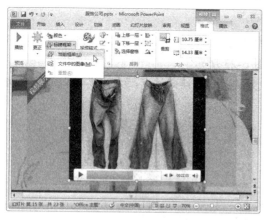

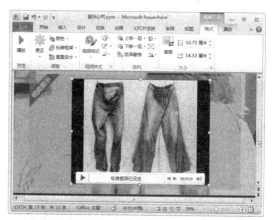

图 6-27　选择"当前框架"选项　　　　　　图 6-28　设置视频预览图像

Step 03 也可以将一个图像文件作为视频预览图像：在"标牌框架"下拉列表中选择"文件中的图像"选项，弹出"插入图片"对话框，选择图片，然后单击"插入"按钮，如图 6-29 所示。

Step 04 此时，即可看到所选图像已经变为视频预览图像，如图 6-30 所示。

图 6-29　"插入图片"对话框

图 6-30　设置图片视频框架

实训 3　设置视频格式

对于幻灯片中的视频对象，可以根据需要更改其外观，如更改视频形状，添加视频边框，应用视频样式，更改视频颜色，调整视频的亮度和对比度等，具体操作方法如下。

Step 01 选中视频对象，选择"格式"选项卡，在"视频样式"组中单击"视频形状"下拉按钮，在弹出的下拉列表中选择所需的形状，如图 6-31 所示。

Step 02 此时，即可查看应用视频形状后的效果，如图 6-32 所示。

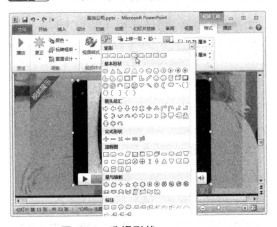

图 6-31　选择形状

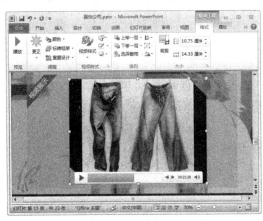

图 6-32　查看应用视频形状后的效果

Step 03 在"视频样式"组中单击"视频边框"下拉按钮，在弹出的下拉列表中选择所需边框的粗细、颜色等，如图 6-33 所示。

Step 04 单击"视频样式"下拉按钮，在弹出的下拉列表中选择所需的样式，如图 6-34 所示。

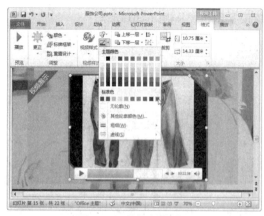

图 6-33　选择视频边框

图 6-34　选择视频样式

Step 05　此时，即可查看应用视频样式后的效果，如图 6-35 所示。

Step 06　在"调整"组中单击"颜色"下拉按钮，在弹出的列表中选择所需的色彩，如图 6-36 所示。

图 6-35　应用视频样式

图 6-36　更改视频颜色

Step 07　在"调整"组中单击"更正"下拉按钮，在弹出的列表中选择所需的亮度和对比度，如图 6-37 所示。

Step 08　此时，即可查看设置视频样式后的视频效果，如图 6-38 所示。

图 6-37　更改视频亮度和对比度

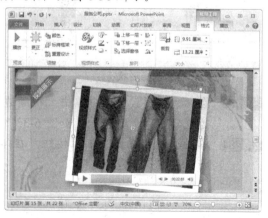

图 6-38　查看设置视频样式后的视频效果

实训 4　设置视频播放

在放映幻灯片时，可以设置视频文件自动播放或全屏播放，具体操作方法如下。

Step 01 选中视频对象，选择"播放"选项卡，在"视频选项"组中单击"开始"下拉按钮，在弹出的下拉列表中选择"自动"选项，即可设置在放映时自动播放视频，如图 6-39 所示。

Step 02 在"视频选项"组中设置其他选项，如全屏播放、播完返回开头等，如图 6-40 所示。

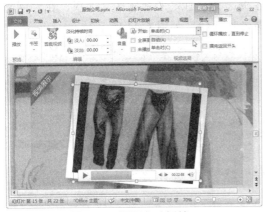
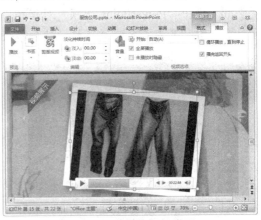

图 6-39　设置自动播放　　　　　　　　图 6-40　设置其他视频选项

实训 5　剪裁视频

若只需要播放视频中的一段视频，可以在幻灯片中剪裁视频，具体操作方法如下。

Step 01 选中视频对象，在"播放"选项卡下的"编辑"组中单击"剪裁视频"按钮，如图 6-41 所示。

Step 02 弹出"剪裁视频"对话框，拖动滑块调整视频文件的开始时间和结束时间，然后单击"确定"按钮即可，如图 6-42 所示。

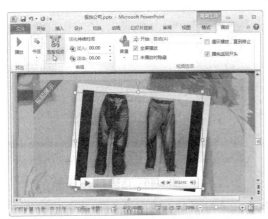
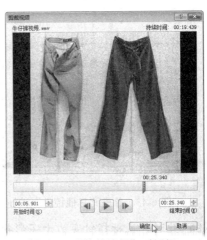

图 6-41　单击"剪裁视频"按钮　　　　　图 6-42　"剪裁视频"对话框

实训6　插入 Flash 动画

Flash 动画可以将声音、声效、动画融合在一起，展示高品质的动态效果。在幻灯片中也可以使用 Flash 动画，使演示文稿变得更加丰富、生动。

在幻灯片中插入 Flash 动画的具体操作方法如下。

Step 01 单击"自定义快速访问工具栏"下拉按钮，在弹出的下拉列表中选择"其他命令"选项，如图 6-43 所示。

Step 02 弹出"PowerPoint 选项"对话框，在左侧选择"自定义功能区"选项，在右侧选中"开发工具"复选框，然后单击"确定"按钮，如图 6-44 所示。

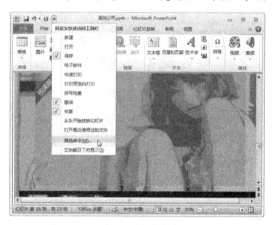

图 6-43　选择"其他命令"选项　　　　图 6-44　"PowerPoint 选项"对话框

Step 03 此时，即可在功能区中显示"开发工具"选项卡，在"控件"组中单击"其他控件"按钮，如图 6-45 所示。

Step 04 弹出"其他控件"对话框，选择 Shockwave Flash Object 控件，然后单击"确定"按钮，如图 6-46 所示。

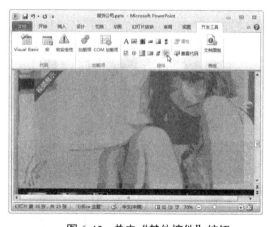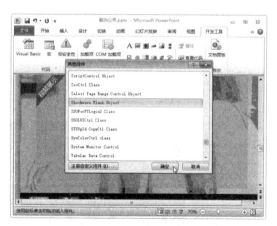

图 6-45　单击"其他控件"按钮　　　　图 6-46　选择 Flash 控件

Step 05 此时，鼠标指针变为十字形状，按住鼠标左键并拖动鼠标在幻灯片中绘制控件，如图 6-47 所示。

Step 06 选中控件，在"开发工具"选项卡下单击"属性"按钮，弹出"属性"对话框，设置 movie 属性为"少女.swf"（"少女.swf"为 Flash 动画，需与演示文稿位于同一目录下），如图 6-48 所示。

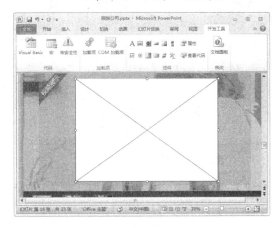

图 6-47　绘制控件 　　　　　　　　图 6-48　设置 movie 属性

Step 07 保存并关闭演示文稿，重新打开演示文稿，单击任务栏中的"幻灯片放映"按钮，放映当前幻灯片，查看 Flash 效果，如图 6-49 所示。若在"属性"对话框中将 BackgroundColor 属性设置为-1，则在放映幻灯片时 Flash 呈白色背景显示，如图 6-50 所示。

图 6-49　查看 Flash 效果 　　　　　　图 6-50　更改背景颜色

实训 7　压缩媒体文件

通过压缩媒体文件可以提高播放性能，并节省磁盘空间，具体操作方法如下。

Step 01 选择"文件"选项卡，在左侧选择"信息"选项，在右侧单击"压缩媒体"下拉按钮，在弹出的列表中选择"演示文稿质量"选项，如图 6-51 所示。

Step 02 弹出"压缩媒体"对话框，开始自动压缩演示文稿中的媒体文件，并显示压缩进度，如图 6-52 所示。

图 6-51　选择压缩质量

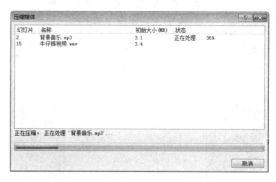

图 6-52　"压缩媒体"对话框

Step 03　压缩完成后，可以看到压缩后的媒体文件大小，单击"关闭"按钮，如图 6-53
所示。

Step 04　若要撤销媒体文件的压缩，可在"压缩媒体"下拉列表中选择"撤销"选项，如
图 6-54 所示。需要注意的是，当保存演示文稿并关闭后将无法撤销压缩。

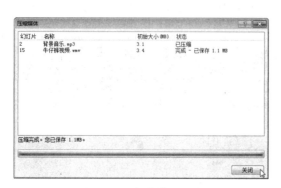

图 6-53　完成媒体压缩

图 6-54　撤销媒体压缩

本章小结

通过本章的学习，读者应重点掌握以下知识。

（1）在 PowerPoint 2010 中，可以将电脑中的音频文件和视频文件插入幻灯片中。

（2）可以通过录制音频的方法为幻灯片添加音频文件。

（3）可以对音频或视频文件进行裁剪，以去除不需要的部分。

（4）可以通过插入控件的方法在幻灯片中插入 Flash 动画。

（5）通过压缩媒体提高播放性能，减小演示文稿的大小。

本章习题

（1）为幻灯片录制一段旁白，并设置自动播放。

（2）打开素材"习题-跑步.pptx"，幻灯片中包含了三个视频文件，设置其依次播放，如图 6-55 所示。

图 6-55　依次播放视频

操作提示：

① 选择"动画"选项卡，打开动画窗格，调整三个视频动画的播放顺序。

② 在"计时"组中设置"开始"时间为"上一动画之后"。

第 7 章　统一演示文稿外观

【本章导读】

若要制作一个完美的演示文稿作品，除了需要有一流的创意和素材外，提供具有专业效果的演示文稿外观同样重要。一个出色的演示文稿，应该具有一致的外观风格。本章将详细介绍如何对演示文稿进行风格统一与美化，使演示文稿更具专业水准。

【本章目标】

> ➢ 掌握更改幻灯片大小和方向的方法。
> ➢ 能够使用主题样式创建风格统一的演示文稿。
> ➢ 掌握为幻灯片设置纯色、渐变、图案、纹理、图片等背景的方法。
> ➢ 能够使用幻灯片母版统一幻灯片的外观。

7.1　页面设置

通过对幻灯片进行页面设置可以更改幻灯片的大小、起始编号及幻灯片的方向。在本节中，将详细介绍如何对幻灯片进行页面设置。

实训 1　更改幻灯片方向

默认情况下，PowerPoint 2010 幻灯片版式为横向，可以根据需要将其更改为纵向，具体操作方法如下。

Step 01　打开素材文件"职场素质.pptx"，选择"设计"选项卡，在"页面设置"组中单击"幻灯片方向"下拉按钮，在弹出的下拉列表中选择"纵向"选项，如图 7-1 所示。

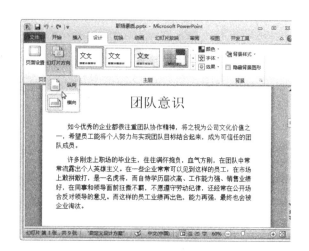

图 7-1　选择"纵向"选项

Step 02 此时，即可将幻灯片方向设置为纵向，效果如图 7-2 所示。

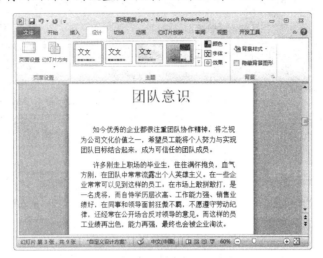

图 7-2　查看纵向幻灯片效果

实训 2　更改幻灯片大小

在 PowerPoint 2010 中的默认幻灯片大小是标准比例 4:3，可以根据需要更改其显示比例，还可以自定义幻灯片的大小，具体操作方法如下。

Step 01 选择"设计"选项卡，在"页面设置"组中单击"页面设置"按钮，如图 7-3 所示。

Step 02 弹出"页面设置"对话框，设置幻灯片的方向、宽度、高度、起始编号等，如图 7-4 所示。

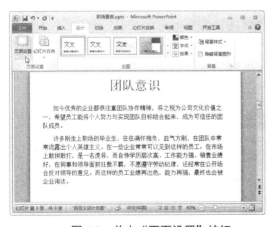

图 7-3　单击"页面设置"按钮

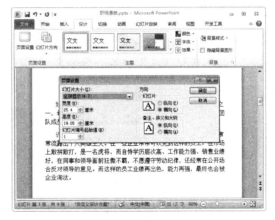

图 7-4　设置幻灯片选项

Step 03 单击"幻灯片大小"下拉按钮，在弹出的列表框中选择所需的大小选项，在此选择"全屏显示（16:10）"选项，然后单击"确定"按钮，如图 7-5 所示。

Step 04 此时，即可查看更改幻灯片比例后的效果，如图 7-6 所示。

图 7-5 选择"全屏显示（16:10）"选项

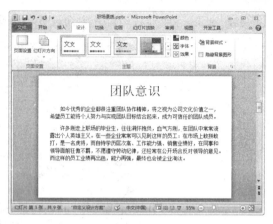

图 7-6 查看更改比例后的效果

7.2 应用主题样式

主题是主题颜色、主题字体和主题效果三者的组合，它可以作为一套独立的选择方案应用于文件中。使用主题可以简化专业设计师水准演示文稿的创建过程。本任务将详细介绍如何应用主题样式，保存主题样式，以及创建主题样式。

实训 1 应用幻灯片主题样式

在 PowerPoint 2010 中提供了多种主题样式可供用户使用，应用主题样式的具体操作方法如下。

Step 01 在"设计"选项卡下"主题"组中将鼠标指针置于"跋涉"主题样式上，此时即可在幻灯片中预览主题效果，如图 7-7 所示。

图 7-7 预览主题效果

Step 02 在"主题"列表中单击"都市"主题,即可将其应用到演示文稿的所有幻灯片中,如图 7-8 所示。

Step 03 选择第 2 张幻灯片,在"主题"组中右击主题样式,在弹出的快捷菜单中选择"应用于选定幻灯片"命令,如图 7-9 所示。

图 7-8　应用"都市"主题　　　　图 7-9　选择"应用于选定幻灯片"命令

Step 04 此时,即可将所选主题样式只应用到第 2 张幻灯片上,如图 7-10 所示。

图 7-10　查看选定幻灯片主题效果

实训 2　应用主题变体样式

应用主题后,还可以更改其颜色、字体、效果等样式,此时就需要应用主题变体样式,具体操作方法如下。

Step 01 在"主题"列表中单击"颜色"下拉按钮,在弹出的下拉列表中选择所需的颜色效果,在此选择"平衡"选项,效果如图 7-11 所示。

Step 02 单击"字体"下拉按钮,在弹出的下拉列表中选择所需的字体效果,在此选择"聚合"选项,效果如图 7-12 所示。

图 7-11 选择颜色效果

图 7-12 选择字体效果

Step 03 单击"效果"下拉按钮，在弹出的下拉列表中选择所需的效果样式，在此选择"活力"选项，可以看到幻灯片中的文本框样式已经发生改变，如图 7-13 所示。

Step 04 选择其他幻灯片，查看效果，如图 7-14 所示。

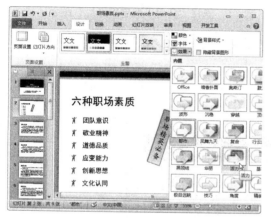

图 7-13 选择效果样式

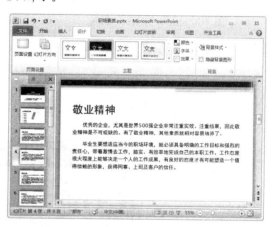

图 7-14 查看其他幻灯片效果

实训 3 保存主题样式

应用 PowerPoint 2010 的内置主题样式后，可以将当前演示文稿的样式保存起来，从而生成一个新的主题样式。保存幻灯片主题具体的操作方法如下。

Step 01 在"主题"组中单击"其他"下拉按钮，如图 7-15 所示。

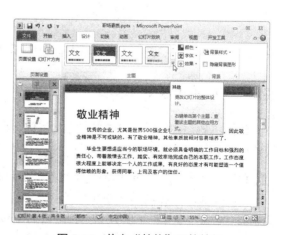

图 7-15 单击"其他"下拉按钮

Step 02 在弹出的列表中选择"保存当前主题"选项，如图 7-16 所示。

Step 03 弹出"保存当前主题"对话框，输入文件名，然后单击"保存"按钮，如图 7-17 所示。

图 7-16　选择"保存当前主题"选项

图 7-17　"保存当前主题"对话框

Step 04 在"主题"组中单击"其他"下拉按钮 ，在弹出的列表中可以看到自定义的主题样式，如图 7-18 所示。

图 7-18　查看自定义主题样式

若无法保存主题样式，可能是由于演示文稿中应用了多种样式，可以在幻灯片母版中删除不需要的主题样式，具体操作方法如下。

Step 01 选择"视图"选项卡，在"母版视图"组中单击"幻灯片母版"按钮，如图 7-19 所示。

Step 02 切换到"幻灯片母版"视图，右击不需要的主题母版，在弹出的快捷菜单中选择"删除母版"命令即可，如图 7-20 所示。

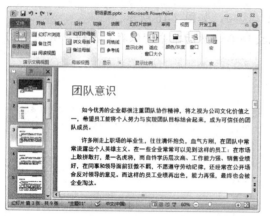

图7-19　单击"幻灯片母版"按钮

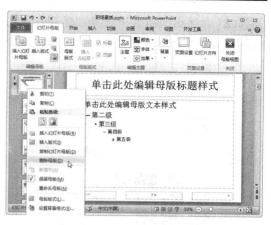

图7-20　删除母版

实训4　创建主题样式

除了应用程序预设的主题样式外，还可以创建自己的主体颜色和主题字体。创建主题样式的具体操作方法如下。

Step 01　在"主题"组中单击"颜色"下拉按钮，在弹出的下拉列表中选择"新建主题颜色"选项，如图7-21所示。

Step 02　弹出"新建主题颜色"对话框，设置"文字/背景-深色 2"和"强调文字颜色 2"的颜色，输入名称，然后单击"保存"按钮，如图7-22所示。

图7-21　选择"新建主题颜色"选项

图7-22　"新建主题颜色"对话框

Step 03　此时，即可查看幻灯片中的色彩变化，标题文本的颜色和上方的矩形颜色发生变化。单击"颜色"下拉按钮，在弹出的列表中可以看到自定义颜色样式，如图7-23所示。

Step 04　在"主题"组中单击"字体"下拉按钮，在弹出的下拉列表中选择"新建主题字体"选项，如图7-24所示。

图 7-23　查看自定义主题颜色样式

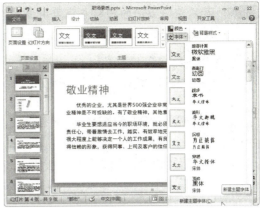

图 7-24　选择"新建主题字体"选项

Step 05　弹出"新建主题字体"对话框，设置标题和正文字体格式，输入名称，然后单击"保存"按钮，如图 7-25 所示。

Step 06　此时，即可看到幻灯片中的文本字体已经发生变化，如图 7-26 所示。完成自定义主题样式后，还可按照前面的方法将其保存为新的主题样式。

图 7-25　自定义主题字体

图 7-26　查看自定义主题字体效果

7.3　设置幻灯片背景

在默认情况下，幻灯片以白色作为背景色，用户可以根据需要更改其背景色，还可以将图片、图案或纹理用作幻灯片背景。在本节中，将详细介绍如何设置幻灯片背景。

实训 1　应用内置背景样式

应用程序内置背景样式的具体操作方法如下。

Step 01　选择"设计"选项卡，在"背景"组中单击"背景样式"下拉按钮，在弹出的下拉列表中选择所需的背景样式，即可将其应用到所有幻灯片中，如图 7-27 所示。

Step 02 若只是为当前的幻灯片设置背景，只需在"背景样式"下拉列表中右击样式，在弹出的快捷菜单中选择"应用于所选幻灯片"命令即可，如图 7-28 所示。

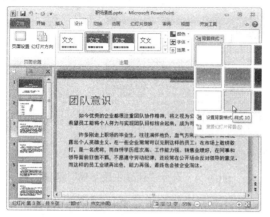

图 7-27 选择背景样式

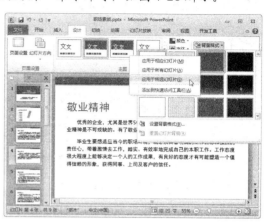

图 7-28 将背景样式应用于所选幻灯片

实训 2 设置图片背景

制作幻灯片时，可以将电脑中的图片设置为幻灯片背景，具体操作方法如下。

Step 01 在"设计"选项卡下"背景"组中单击"背景样式"下拉按钮，在弹出的下拉列表中选择"设置背景格式"选项，如图 7-29 所示。

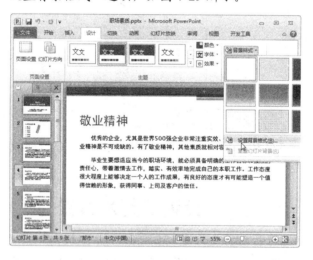

图 7-29 选择"设置背景格式"选项

Step 02 弹出"设置背景格式"对话框，选中"图片或纹理填充"单选按钮，然后单击"文件"按钮，如图 7-30 所示。

Step 03 弹出"插入图片"对话框，选择要作为幻灯片背景的图片，然后单击"插入"按钮，如图 7-31 所示。

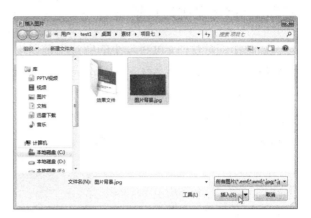

图 7-30　"设置背景格式"对话框　　　　　　　图 7-31　"插入图片"对话框

Step 04　返回"设置背景格式"对话框，在幻灯片中可以实时地看到图片背景效果，如图 7-32 所示。

Step 05　设置背景的"透明度"为 30%，然后单击"全部应用"按钮，如图 7-33 所示。

图 7-32　查看图片背景效果　　　　　　　　　图 7-33　设置图片填充透明度

Step 06　此时，即可查看为幻灯片应用图片背景后的效果，如图 7-34 所示。

图 7-34　查看图片背景效果

实训 3　自定义纹理背景

在制作幻灯片时，可将较小的图片平铺以用作幻灯片的纹理背景，具体操作方法如下。

Step 01 打开"设置背景格式"对话框，选中"图片或纹理填充"单选按钮，然后单击"文件"按钮，如图 7-35 所示。

Step 02 弹出"插入图片"对话框，选择纹理图片，然后单击"插入"按钮，如图 7-36 所示。

图 7-35　"设置背景格式"对话框　　　　　　　图 7-36　"插入图片"对话框

Step 03 此时，即可为幻灯片应用图片背景，效果如图 7-37 所示。

Step 04 在"设置背景格式"对话框中选中"将图片平铺为纹理"复选框，查看幻灯片背景效果，如图 7-38 所示。

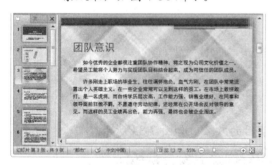

图 7-37　查看图片背景效果　　　　　　　　　图 7-38　查看纹理背景效果

7.4　使用幻灯片母版

幻灯片母版是幻灯片层次结构中的顶层幻灯片，用于存储有关演示文稿主题和幻灯片版式的信息，包括背景、颜色、字体、效果、占位符大小和位置等。每个演示文稿至少包含一个幻灯片母版。修改和使用幻灯片母版可以对演示文稿中的每张幻灯片进行统一的样式更改，由于无须在多张幻灯片上输入相同的信息，因此可以节省很多时间。

实训 1　设置母版背景

通过设置幻灯片母版背景，可以为整个演示文稿添加统一的背景，具体操作方法如下。

Step 01 选择"视图"选项卡，在"母版视图"组中单击"幻灯片母版"按钮，如图 7-39 所示。

Step 02 在左窗格选择第一个幻灯片即幻灯片母版，在"背景"组中单击"背景样式"下拉按钮，在弹出的下拉列表中选择"设置背景格式"选项，如图 7-40 所示。

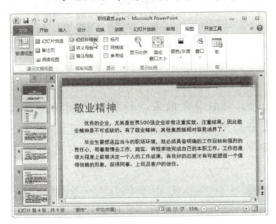

图 7-39　单击"幻灯片母版"按钮

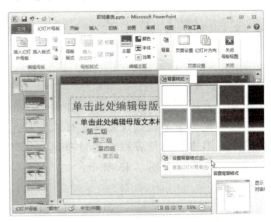

图 7-40　选择"设置背景格式"选项

Step 03 弹出"设置背景格式"对话框，选中"图片或纹理填充"单选按钮，然后单击"文件"按钮，如图 7-41 所示。

Step 04 弹出"插入图片"对话框，选择要作为背景的图片，然后单击"插入"按钮，如图 7-42 所示。

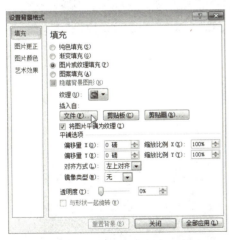

图 7-41　"设置背景格式"对话框

图 7-42　"插入图片"对话框

Step 05 返回"设置背景格式"对话框，设置"透明度"为 10%，如图 7-43 所示。

Step 06 在左侧选择"图片颜色"选项，在右侧"重新着色"选项区中单击"预设"下拉按钮，在弹出的面板中选择"灰度"选项，如图 7-44 所示。

图 7-43 选择图片填充透明度

图 7-44 重新着色图片

Step07 关闭"设置背景格式"对话框,查看幻灯片母版背景效果,如图 7-45 所示。若只是为某个版式设置背景样式,应先在左窗格中选择该版式。

Step08 单击程序任务栏中的"普通视图"按钮□,退出母版视图,查看各幻灯片的背景效果,如图 7-46 所示。

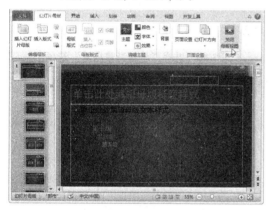

图 7-45 查看母版背景效果

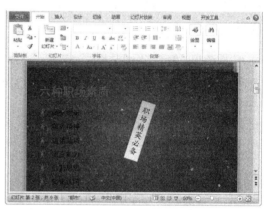

图 7-46 查看各幻灯片背景效果

实训2 更改版式母版

在制作幻灯片时,可以根据需要对幻灯片母版中的版式母版进行更改,以统一修改应用了该版式的所有幻灯片。更改版式母版的具体操作方法如下。

Step01 切换到"幻灯片母版"视图,在左窗格选择"标题和内容版式"幻灯片,如图 7-47 所示。

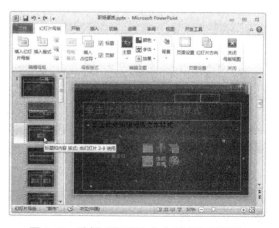

图 7-47 选择"标题和内容版式"幻灯片

Step 02 在版式中选中标题占位符，在"开始"选项卡下设置文本颜色为白色，对齐方式为居中，如图 7-48 所示。

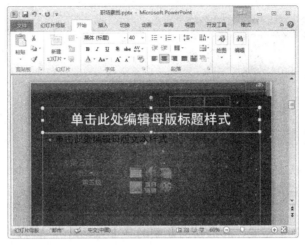

图 7-48 设置标题占位符格式

Step 03 选中内容占位符，设置文本颜色为褐色，如图 7-49 所示。

Step 04 退出幻灯片母版视图，可以看到所有应用了"标题和内容"版式的幻灯片均发生了相应的变化，如图 7-50 所示。

图 7-49 设置内容占位符格式

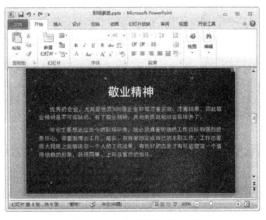

图 7-50 查看幻灯片效果

实训 3 创建新版式

制作幻灯片时，可以根据需要创建自己的版式母版。创建新版式的具体操作方法如下。

Step 01 打开素材文件"服饰公司.pptx"，选择第 2 张幻灯片，按【Ctrl+A】组合键全选幻灯片中的对象，按【Ctrl+C】组合键进行复制，如图 7-51 所示。

Step 02 进入"幻灯片母版"视图，在左窗格中定位光标，在"编辑母版"组中单击"插入版式"按钮，如图 7-52 所示。

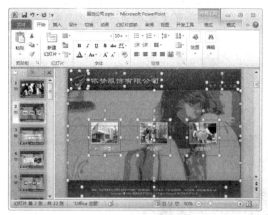

图 7-51　复制幻灯片对象

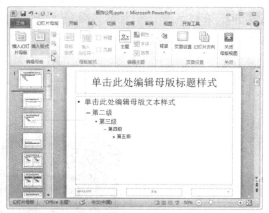

图 7-52　单击"插入版式"按钮

Step 03 此时，即可在母版中插入一张新版式。选中版式中的标题占位符，按【Delete】键将其删除，如图 7-53 所示。

Step 04 按【Ctrl+V】组合键，粘贴前面复制的第 2 张幻灯片中的内容，如图 7-54 所示。

图 7-53　删除标题占位符

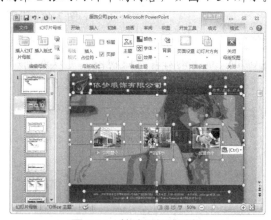

图 7-54　粘贴幻灯片对象

Step 05 在"母版版式"组中单击"插入占位符"下拉按钮，在弹出的下拉列表中选择"文本"选项，如图 7-55 所示。

Step 06 此时鼠标指针变为十字形状，在版式中拖动绘制文本占位符，如图 7-56 所示。

图 7-55　选择"文本"选项

图 7-56　绘制文本占位符

Step 07 松开鼠标即可创建文本占位符，如图 7-57 所示。

Step 08 删除第二级到第五级的文本，如图 7-58 所示。

图 7-57 创建文本占位符

图 7-58 删除文本

Step 09 选中公司名称文本框，在"开始"选项卡下单击"格式刷"按钮 ，如图 7-59 所示。

Step 10 在创建的文本占位符上单击鼠标左键，应用公司名称文本格式，如图 7-60 所示。

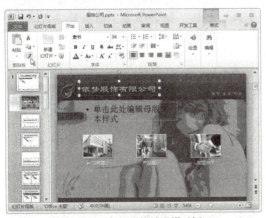

图 7-59 单击"格式刷"按钮

图 7-60 为文本占位符应用格式

Step 11 删除公司名称文本框，将文本占位符移到公司名称的位置，删除文本占位符中的项目符号，修改其中的提示文字，如图 7-61 所示。

Step 12 采用同样的方法，删除版式中原有的文本框，插入相应的文本占位符，如图 7-62 所示。

图 7-61 移动文本占位符并修改文字

图 7-62 创建其他文本占位符

Step13 单击"插入占位符"下拉按钮，在弹出的下拉列表中选择"图片"选项，如图 7-63 所示。

Step14 在版式中拖动鼠标创建图片占位符，并修改提示文字，将其移到公司 Logo 的位置，删除原有的 Logo 图片，如图 7-64 所示。

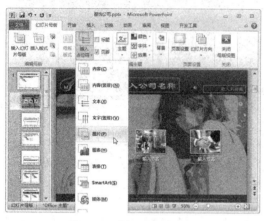

图 7-63 选择"图片"选项

图 7-64 创建图片占位符

Step15 采用同样的方法，删除版式中原有的图片，插入相应的图片占位符，如图 7-65 所示。

Step16 按住【Shift】键的同时选中三个图片占位符，选择"格式"选项卡，在"形状样式"组中单击"形状轮廓"下拉按钮，在弹出的下拉列表中选择白色，如图 7-66 所示。

Step17 单击"形状效果"下拉按钮，在弹出的下拉列表中选择"阴影"选项下的一种阴影样式，如图 7-67 所示。

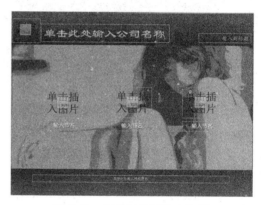

图 7-65 创建其他图片占位符

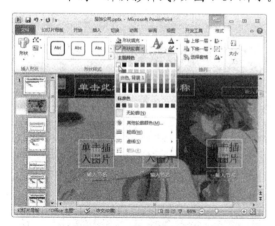

图 7-66 设置形状轮廓

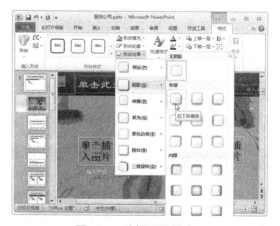

图 7-67 选择阴影样式

Step 18 在左窗格中右击插入的版式，在弹出的快捷菜单中选择"重命名版式"命令，如图7-68所示。

Step 19 弹出"重命名版式"对话框，输入版式名称，然后单击"重命名"按钮，如图7-69所示。

Step 20 单击"关闭母版视图"按钮，退出幻灯片母版视图，如图7-70所示。

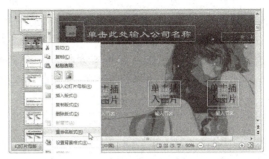

图7-68 选择"重命名版式"命令

图7-69 设置版式名称

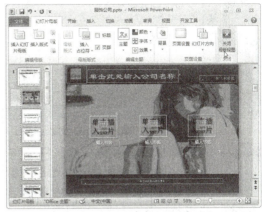

图7-70 退出母版视图

Step 21 在左窗格中定位光标，在"开始"选项卡下单击"新建幻灯片"下拉按钮，在弹出的下拉列表中选择自定义的版式，如图7-71所示。

Step 22 在演示文稿中插入幻灯片，单击相应的占位符添加所需的内容即可，如图7-72所示。

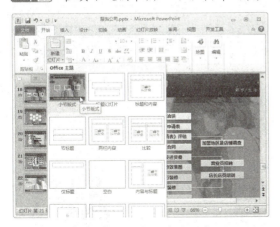

图7-71 选择自定义版式

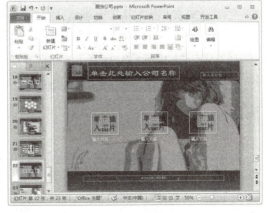

图7-72 插入幻灯片

实训4 添加幻灯片母版

一个幻灯片母版设置了一套幻灯片外观样式，在一个演示文稿中可以存在多个幻灯片母版。添加幻灯片母版的具体操作方法如下。

Step 01 切换到"幻灯片母版"视图，在"编辑母版"组中单击"插入幻灯片母版"按钮，如图 7-73 所示。

Step 02 此时即可在左窗格下方插入一个新的母版，单击"主题"下拉按钮，在弹出的下拉列表中选择"角度"选项，如图 7-74 所示。

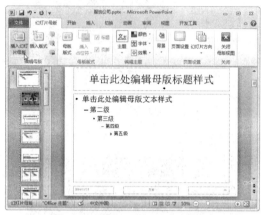

图 7-73　单击"插入幻灯片母版"按钮

图 7-74　选择"角度"选项

Step 03 在左窗格中右击插入的幻灯片母版，在弹出的快捷菜单中选择"重命名母版"命令，如图 7-75 所示。

Step 04 弹出"重命名版式"对话框，输入母版名称，然后单击"重命名"按钮，如图 7-76 所示。

Step 05 退出幻灯片母版视图，在"开始"选项卡下单击"新建幻灯片"下拉按钮，在弹出的下拉列表中可以看到新插入的"母版 2"中的各种版式。选择所需的版式，如图 7-77 所示。

图 7-75　选择"重命名母版"命令

图 7-76　设置母版名称

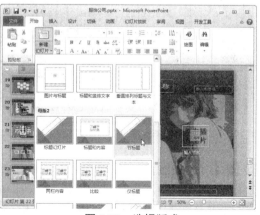

图 7-77　选择版式

Step 06 此时即可新建幻灯片，在占位符中输入所需的文本，如图 7-78 所示。

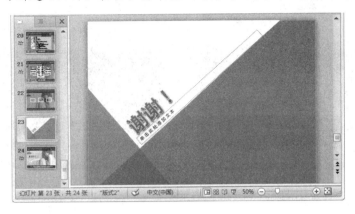

图 7-78　新建幻灯片

实训 5　设置页眉和页脚

在演示文稿中可以为每张幻灯片添加页眉和页脚，使每张幻灯片都拥有相同的标识或文本信息。例如，可以在页脚添加作者信息、日期和时间、幻灯片编号等。

为演示文稿添加页眉和页脚的具体操作方法如下。

Step 01 选择"插入"选项卡，在"文本"组中单击"页眉和页脚"按钮，如图 7-79 所示。

Step 02 弹出"页眉和页脚"对话框，在"幻灯片"选项卡中设置要包含的内容，然后单击"全部应用"按钮，如图 7-80 所示。

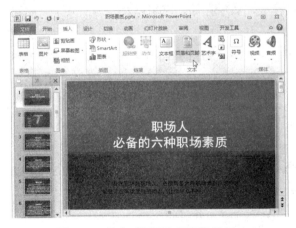

图 7-79　单击"页眉和页脚"按钮

图 7-80　"页眉和页脚"对话框

Step 03 此时，即可在每张幻灯片中插入相应的信息。切换到"幻灯片母版"视图，在左窗格中选择幻灯片母版，在版式中选择页眉信息，在"开始"选项卡下设置字体格式，如图 7-81 所示。

Step 04 退出"幻灯片母版"视图，查看幻灯片中添加的页眉信息，如图 7-82 所示。

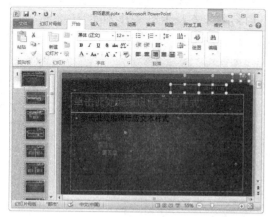

图 7-81　设置页眉格式

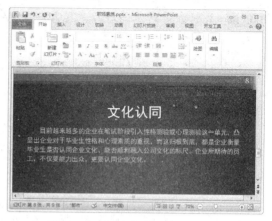

图 7-82　查看幻灯片页眉效果

7.5　创建模板文件

PowerPoint 模板是用户保存的"模板"类型的演示文稿，它可以是一张幻灯片或一组幻灯片的图案或蓝图。模板中可以包含版式、主题颜色、主题字体、主题效果和背景样式等，甚至还可以包含内容。本节将介绍如何创建和编辑演示文稿模板。

实训 1　创建演示文稿模板

在制作演示文稿时，可以创建自定义的模板，然后存储、重用以及与他人共享。创建演示文稿模板的具体操作方法如下。

Step 01　打开素材文件"模板.pptx"，其中已设置好了幻灯片的版式和内容，如图 7-83 所示。

图 7-83　打开素材文件

Step 02　选择"文件"选项卡，在左侧单击"另存为"按钮，如图 7-84 所示。

Step 03 弹出"另存为"对话框,选择"保存类型"为"PowerPoint 模板",输入文件名,选择保存位置,然后单击"保存"按钮,如图 7-85 所示。

图 7-84 单击"另存为"按钮

图 7-85 "另存为"对话框

Step 04 打开保存位置,找到保存的模板文件并双击,如图 7-86 所示。

Step 05 此时,即可使用该模板文件创建一个新的演示文稿,如图 7-87 所示。

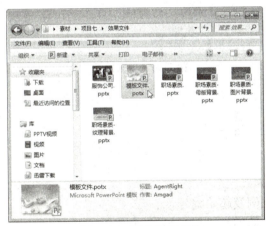

图 7-86 双击模板文件

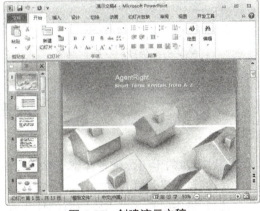

图 7-87 创建演示文稿

Step 06 按【Ctrl+S】组合键保存演示文稿,然后对其进行所需的编辑操作即可,如图 7-88 所示。

图 7-88 保存演示文稿

实训 2　编辑模板文件

若要对模板文件进行修改，首先需将其打开，但通过双击的方式将会创建新的演示文稿，此时可执行以下操作。

Step 01 右击模板文件，在弹出的快捷菜单中选择"打开"命令，如图 7-89 所示。

Step 02 此时，即可打开模板文件，根据需要对其进行编辑操作，然后进行保存即可，如图 7-90 所示。

图 7-89　选择"打开"命令

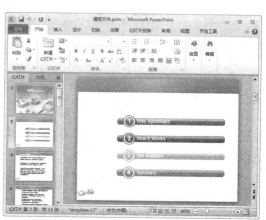

图 7-90　编辑模板文件

本章小结

通过本章的学习，读者应重点掌握以下知识。

（1）自定义幻灯片的大小、方向、显示比例及起始编号。

（2）将主题样式应用到所有幻灯片或选定的幻灯片。

（3）创建自定义的主题样式并保存。

（4）为幻灯片设置纯色、渐变、图片及纹理背景。

（5）通过更改幻灯片母版，统一更改幻灯片的外观。

（6）一个幻灯片母版包含了一套幻灯片外观样式，在一个演示文稿中可以插入多个母版。

（7）如果预设的版式母版不能满足需求，可以创建自定义的版式母版。

（8）通过演示文稿模板文件快速创建风格统一的演示文稿。

本章习题

（1）结合本项目所学的内容，创建多个相册版式母版，效果如图 7-91 所示。

（2）尝试将一个视频文件作为幻灯片母版的背景，效果如图 7-92 所示。

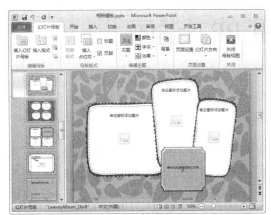

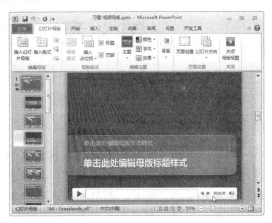

图 7-91　相册模板　　　　　　　　　图 7-92　视频背景

操作提示：

进入幻灯片母版视图，将视频文件插入主母版或版式母版中。

第 8 章　应用 PPT 动画

【本章导读】

动画是演示文稿的重要表现手段，在制作演示文稿时可以为幻灯片添加动画，使原本静态的幻灯片动起来。用户不仅可以将动画效果应用到切换幻灯片上，还可以将其应用到幻灯片中的文本、图片、图形和图表等对象上。本章将详细介绍如何为幻灯片添加切换效果，以及如何将幻灯片制成动画。

【本章目标】

➢ 掌握为演示文稿中的幻灯片添加多种切换效果的方法。

➢ 能够为幻灯片对象添加多种动画效果并进行逻辑编排。

8.1　为幻灯片添加切换效果

从一张幻灯片突然跳转至另一张，会使观众觉得很唐突。此时，可以为幻灯片添加切换效果，使其播放起来变得很流畅。幻灯片切换效果是在"幻灯片放映"中从一张幻灯片移到下一张幻灯片时出现的类似动画的效果。用户可以控制每个幻灯片切换效果的速度，还可以添加声音。本节将学习如何为幻灯片添加并设置切换效果。

实训 1　应用切换动画

在 PowerPoint 2010 中内置了 35 种切换动画可供用户选择，可以根据需要为不同的幻灯片添加适合的动画效果。应用切换动画的具体操作方法如下。

Step 01 打开素材文件"服饰公司.pptx"，选择"切换"选项卡，在"切换至此幻灯片"组中选择"淡出"效果，如图 8-1 所示。

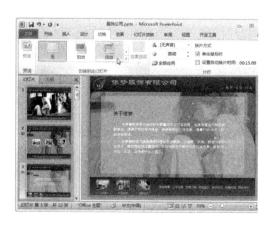

图 8-1　选择"淡出"效果

Step 02 在"计时"组中单击"全部应用"按钮，即可将当前幻灯片的切换效果应用到整个演示文稿中，如图 8-2 所示。

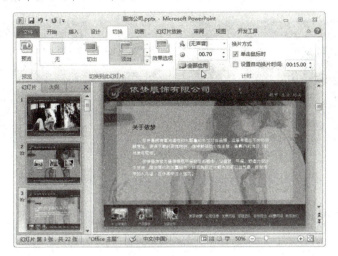

图 8-2　单击"全部应用"按钮

Step 03 在左窗格中选择第 1 张幻灯片，在"切换至此幻灯片"组中单击"其他"下拉按钮，在弹出的列表中选择"涡流"效果，如图 8-3 所示。

Step 04 在"切换至此幻灯片"组中单击"效果选项"下拉按钮，在弹出的下拉列表中选择"自顶部"选项，如图 8-4 所示。

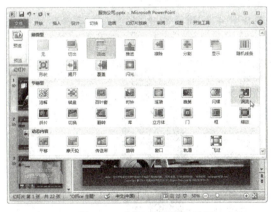

图 8-3　选择"涡流"效果

图 8-4　选择效果选项

实训 2　设置切换速度和换片方式

通过在"切换"选项卡下"计时"组中更改"持续时间"数值，可以设置切换幻灯片的速度。持续时间越短，表示切换速度越快，反之越慢，如图 8-5 所示。

在"计时"组中的"换片方式"选项区中可以更改切换幻灯片的方法。若要使幻灯片进行自动切换，只需选中"设置自动换片时间"复选框，并对时间进行设置即可，如图 8-6 所示。

图 8-5 设置切换速度　　　　　　　　　　　图 8-6 设置计时选项

实训 3　添加切换声音

在制作演示文稿时，可以设置从一张幻灯片切换到下一张幻灯片时的切换声音。既可以使用 PowerPoint 程序内置的声音，也可以使用电脑中的声音文件。为幻灯片添加切换声音的具体操作方法如下。

Step 01 在左窗格中选择第 2 张幻灯片，在"切换"选项卡下单击"声音"下拉按钮，在弹出的下拉列表中选择所需的声音效果，如"单击"，如图 8-7 所示。将鼠标指针置于声音选项上即可听到声音效果，确定使用哪个后再进行选择。

Step 02 若要使用电脑中的声音文件，可在"声音"下拉列表中选择"其他声音"选项，如图 8-8 所示。

图 8-7 选择声音效果　　　　　　　　　　　图 8-8 选择"其他声音"选项

Step 03 弹出"添加音频"对话框，选择声音文件，如"节奏.wav"，然后单击"确定"按钮，如图 8-9 所示。

Step 04 此时，即可将所选声音文件设置为第 1 张幻灯片的切换声音。在"声音"下拉列表中选择"播放下一段声音之前一直循环"选项，如图 8-10 所示。

图 8-9　"添加音频"对话框　　　　　　图 8-10　设置声音循环播放

8.2　将幻灯片制成动画

若要将观众注意力集中在要点上，控制信息流以及提高观众对演示文稿的兴趣，使用动画是一种好方法。在制作演示文稿时，可以将动画效果应用在幻灯片上的文本或对象、幻灯片母版上的文本或对象上。本节将以案例的形式介绍如何应用进入动画，使用动画刷，添加退出动画，添加强调动画，添加路径动画，调整动画顺序以及设置动画选项等。

实训 1　应用进入动画

幻灯片动画包括进入动画、强调动画、退出动画和路径动画四种。进入动画用于设置幻灯片对象进入场景时的播放效果，应用进入动画的具体操作方法如下。

Step 01　选择第 2 张幻灯片，选中左侧的图片，选择"动画"选项卡，在"动画"组中选择"缩放"动画效果，为其应用"缩放"进入动画，如图 8-11 所示。实际上选中的是图片与文本框的组合，为了便于理解，以下统称为图片。

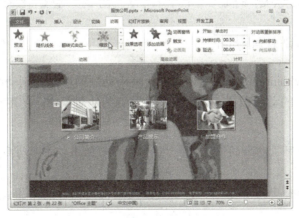

图 8-11　选择"缩放"动画效果

Step 02 单击"效果选项"下拉按钮，在弹出的下拉列表中选择"幻灯片中心"选项，如图 8-12 所示。将鼠标指针置于效果选项上，即可在幻灯片中预览动画效果，可确定使用哪种效果后再选择所需的选项。

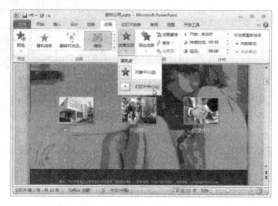

图 8-12 选择效果选项

Step 03 在"计时"组中单击"开始"下拉按钮，在弹出的下拉列表中选择"上一动画之后"选项，如图 8-13 所示。

Step 04 在"计时"组中分别设置动画的"持续时间"和"延迟"时间，如图 8-14 所示。

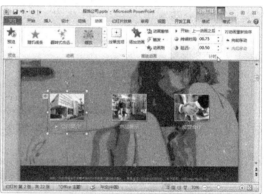

图 8-13 设置"开始"时间　　　　　图 8-14 设置持续时间和延迟时间

实训 2　使用动画刷复制动画

动画刷是 PowerPoint 2010 的新增功能，使用动画刷可以复制动画效果。借助动画刷可以复制某一对象中的动画效果，然后将其粘贴到其他对象中。使用动画刷复制动画的具体操作方法如下。

Step 01 选中左侧应用了动画的图片，在"高级动画"组中单击"动画刷"按钮，如图 8-15 所示。

Step 02 此时鼠标指针变为刷子形状，在要应用动画的图片上单击鼠标左键，如图 8-16 所示。

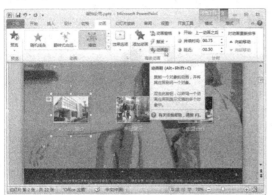

图 8-15 单击"动画刷"按钮

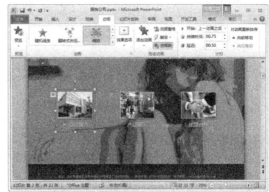

图 8-16 在图片上单击复制动画

Step 03 此时，即可将左侧图片中的动画效果应用到中间的图片上。在"计时"组中单击"开始"下拉按钮，在弹出的下拉列表中选择"上一动画同时"选项，如图 8-17 所示。

Step 04 采用同样的方法，利用动画刷将中间图片中的动画效果应用到右侧的图片上，如图 8-18 所示。

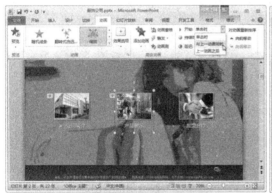

图 8-17 设置"开始"时间

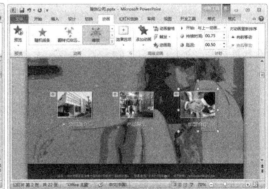

图 8-18 使用动画刷复制动画

实训 3 添加退出动画

在"动画"列表中为幻灯片对象应用动画不仅只能对其应用一个动画效果，还可以为该对象继续添加其他动画效果。与"进入"动画相对应的是"退出"动画，它用于设置在幻灯片对象离开场景时的播放效果。

下面将介绍如何添加退出动画，具体操作方法如下。

Step 01 选中右侧的图片，然后在"高级动画"组中单击"添加动画"下拉按钮，如图 8-19 所示。

Step 02 在弹出的下拉列表中选择"飞出"动画，如图 8-20 所示。

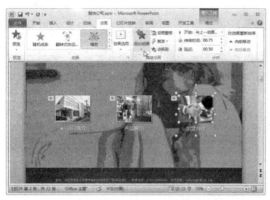

图 8-19　单击"添加动画"下拉按钮

图 8-20　选择"飞出"动画

Step 03　在"计时"组中单击"效果选项"下拉按钮，在弹出的下拉列表中选择"到右侧"
选项，如图 8-21 所示。

Step 04　采用同样的方法，为中间的图片添加"飞出"动画效果，并设置"开始"为"上
一动画之后"，"延迟"为 0.25 秒，如图 8-22 所示。

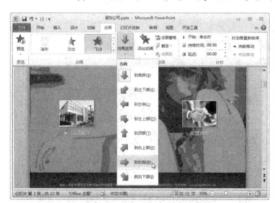

图 8-21　选择效果选项

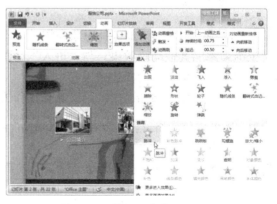

图 8-22　继续添加退出动画

实训 4　添加强调动画

强调动画用于设置在幻灯片对象
进入场景后吸引观众注意力的一些演
示效果。为幻灯片对象添加强调动画的
具体操作方法如下。

Step 01　选中左侧的图片，在"高级动
画"组中单击"添加动画"下
拉按钮，在弹出的下拉列表中
选择"脉冲"强调动画，如图
8-23 所示。

图 8-23　添加"脉冲"强调动画

Step 02 在 "计时" 组中设置 "开始" 为 "上一动画之后", "延迟" 为 0.25 秒, 如图 8-24 所示。

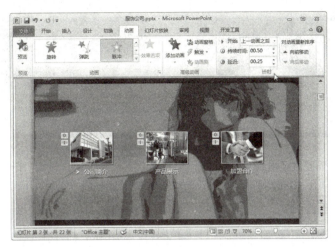

图 8-24 设置 "计时" 选项

实训 5 添加路径动画

路径动画用于设置对象沿着特定的路线运动。为幻灯片对象添加路径动画的具体操作方法如下。

Step 01 选中左侧的图片, 在 "高级动画" 组中单击 "添加动画" 下拉按钮, 在弹出的下拉列表中选择 "直线" 动作路径动画, 如图 8-25 所示。

Step 02 单击 "效果选项" 下拉按钮, 在弹出的下拉列表中选择 "右" 选项, 如图 8-26 所示。

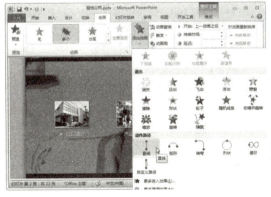

图 8-25 选择 "直线" 动画

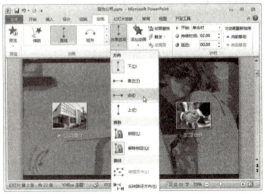

图 8-26 选择效果选项

Step 03 拖动路径右侧的端点, 调整终点的位置, 如图 8-27 所示。若要编辑路径, 可在路径上右击, 在弹出的快捷菜单中选择 "编辑路径" 命令, 编辑路径的方法可参考编辑形状的方法。

Step 04 在 "计时" 组中设置 "开始" 为 "上一动画之后", "持续时间" 为 1.25 秒, "延迟" 为 0.25 秒, 如图 8-28 所示。

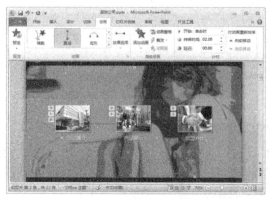 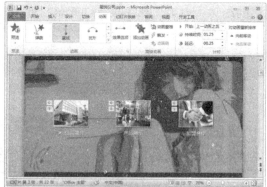

图 8-27　调整路径终点位置　　　　　图 8-28　设置"计时"选项

实训 6　调整动画顺序

默认情况下，将幻灯片制成动画后，动画窗格中列出了幻灯片中所有的动画效果，动画将按照添加的先后顺序依次播放，用户可根据需要对动画的播放顺序进行调整，具体操作方法如下。

Step 01 在"高级动画"组中单击"动画窗格"按钮，打开动画窗格，选择最下方的动作路径动画，并向上拖动，如图 8-29 所示。

Step 02 松开鼠标，即可将动作路径动画调至脉冲强调动画的上方，如图 8-30 所示。

图 8-29　拖动动画　　　　　图 8-30　调整动画顺序

实训 7　设置动画选项

虽然可以在"计时"组中对动画效果进行设置，但可设置的项目并不多。打开动画的效果选项对话框，可以对动画进一步进行设置，如设置播放后隐藏、重复播放、添加动画声音等。设置动画选项的具体操作方法如下：

Step 01 选中左侧的图片，在"高级动画"组中单击"添加动画"下拉按钮，在弹出的下拉列表中选择"放大/缩小"强调动画，如图 8-31 所示。

Step 02 打开动画窗格，双击刚添加的"放大/缩小"动画，如图 8-32 所示。

图 8-31　添加"放大/缩小"动画

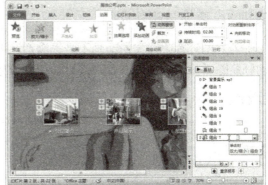

图 8-32　双击动画

Step 03 弹出"动画选项"对话框，在"效果"选项卡下单击"尺寸"下拉按钮，在弹出的下拉列表中自定义缩放比例，并按【Enter】键确定，如图 8-33 所示。

Step 04 选中"自动翻转"复选框，可设置动画放大后再缩小为原比例，如图 8-34 所示。

图 8-33　"动画选项"对话框

图 8-34　设置自动翻转

Step 05 选择"计时"选项卡，设置"开始"为"上一动画之后"，"持续时间"为 1 秒，"延迟"为 0 秒，如图 8-35 所示。

Step 06 单击"重复"下拉按钮，在弹出的下拉列表中选择"直到下一次单击"选项，以设置缩放动画重复播放，然后单击"确定"按钮，如图 8-36 所示。

图 8-35　设置"计时"选项

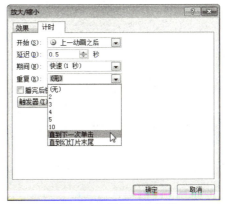

图 8-36　设置重复播放

实训 8　更换与删除动画

若对幻灯片中添加的动画不是很满意，可以对该动画效果进行更换。根据需要可以将动画删除后重新添加，或者直接更换动画效果，具体操作方法如下。

Step 01 按照前面的方法为第 3 张幻灯片添加动画，打开动画窗格，选择最上方的矩形动画，可以在"动画"组中看到该动画效果为"淡出"，如图 8-37 所示。

Step 02 在"动画"组列表中选择"随机线条"动画，即可将"淡出"效果更换为"随机线条"效果，如图 8-38 所示。

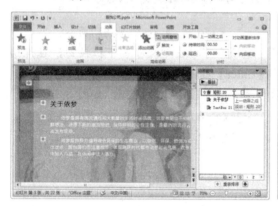　　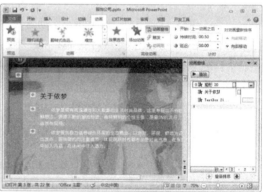

图 8-37　选择动画　　　　　　　　　　　　图 8-38　更换动画

Step 03 若要为多个动画更换效果或设置效果选项，只需在动画窗格中按住【Shift】的同时单击选中多个动画，然后设置动画效果或"计时"选项即可，如图 8-39 所示。

Step 04 若要删除动画，只需在动画窗格中选择动画，然后在"动画"组中选择"无"选项，或者单击右下方的下拉按钮，在弹出的下拉列表中选择"删除"选项即可，如图 8-40 所示。

图 8-39　选择多个动画设置　　　　　　　　图 8-40　删除动画

实训 9　为 SmartArt 图形添加动画

为 SmartArt 图形添加动画可以进一步强调或分阶段显示信息。在制作演示文稿时，可以将整个 SmartArt 图形制成动画，或者只将 SmartArt 图形中的个别形状制成动画。

为 SmartArt 图形添加动画的具体操作方法如下。

Step 01 选择第 5 张幻灯片，选中 SmartArt 图形，然后在"动画"组中单击"其他"按钮 ▾，在弹出的下拉列表中选择"更多进入效果"选项，如图 8-41 所示。

Step 02 弹出"更改进入效果"对话框，选择"切入"效果，然后单击"确定"按钮，如图 8-42 所示。

图 8-41　选择"更多进入效果"选项

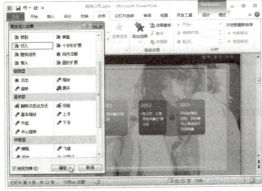
图 8-42　选择"切入"效果

Step 03 在"动画"组中单击"效果选项"下拉按钮，在弹出的下拉列表中选择"自左侧"选项，如图 8-43 所示。

Step 04 单击"效果选项"下拉按钮，在弹出的下拉列表中选择"逐个"选项，如图 8-44 所示。

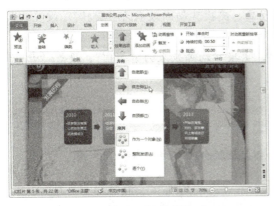
图 8-43　选择"自左侧"选项

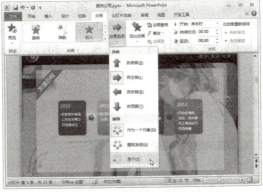
图 8-44　选择"逐个"选项

Step 05 打开动画窗格，单击"单击展开内容"按钮，如图 8-45 所示。

Step 06 展开 SmartArt 图形中的所有动画，选择"图示 1：2011"动画，然后单击"效果选项"下拉按钮，选择"自顶部"选项，如图 8-46 所示。

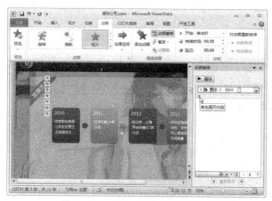

图 8-45　单击"单击展开内容"按钮　　　　　　图 8-46　更改效果选项

Step 07 在"计时"组中单击"开始"下拉按钮，在弹出的下拉列表中选择"上一动画之后"选项，如图 8-47 所示。

Step 08 采用同样的方法，设置"图示 1：2012"的切入动画为"自底部"，"开始"为"上一动画之后"，如图 8-48 所示。

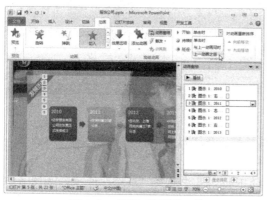

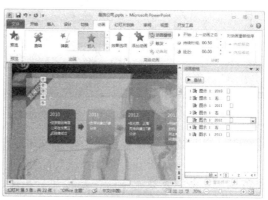

图 8-47　设置"开始"时间　　　　　　　图 8-48　更改动画选项

Step 09 在动画窗格中选择"图示 1：2013"动画，更换其动画效果为"旋转"，设置"开始"为"上一动画之后"，如图 8-49 所示。

Step 10 选择最上方的"图示 1：2011"动画，更换其动画效果为"淡出"，设置"开始"为"上一动画之后"，如图 8-50 所示。

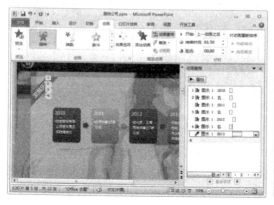

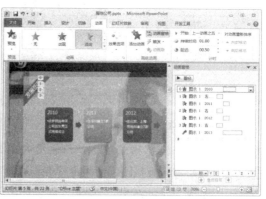

图 8-49　更换动画效果为"旋转"　　　　　图 8-50　更换动画效果为"淡出"

实训 10　为幻灯片母版创建动画

在制作演示文稿时，可以为幻灯片母版创建动画，这样在演示文稿中应用了该版式的幻灯片都会具有统一的动画效果。为幻灯片母版创建动画的具体操作方法如下。

Step 01　打开素材文件"职场素质.pptx"，在"视图"选项卡下单击"幻灯片母版"按钮，如图 8-51 所示。

Step 02　进入"幻灯片母版"视图，在左窗格中选择"标题与内容"版式，在版式中选中标题占位符，选择"动画"选项卡，在"动画"组中单击"其他"按钮，在弹出的下拉列表中选择"更多进入效果"选项，如图 8-52 所示。

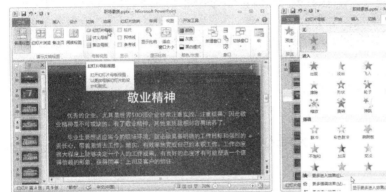

图 8-51　单击"幻灯片母版"按钮

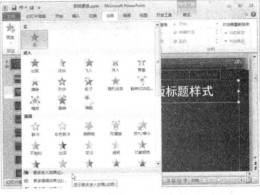

图 8-52　选择"更多进入效果"选项

Step 03　弹出"更改进入效果"对话框，选择"升起"动画效果，然后单击"确定"按钮，如图 8-53 所示。

Step 04　在"计时"组中设置"开始"为"上一动画之后"，如图 8-54 所示。

图 8-53　选择"升起"动画效果

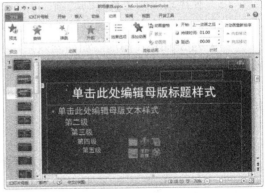

图 8-54　设置开始时间

Step 05　选中内容占位符，在"动画"组中单击"其他"按钮，在弹出的下拉列表中选择"更多进入效果"选项，弹出"更改进入效果"对话框。选择"展开"动画效果，单击"确定"按钮，如图 8-55 所示。

Step 06 在"计时"组中设置"开始"为"上一动画之后","延迟"为 0.25 秒，如图 8-56 所示。此时，可按【F5】键放映幻灯片，将会看到所有应用了"标题和内容"版式的幻灯片都将先播放该母版动画。

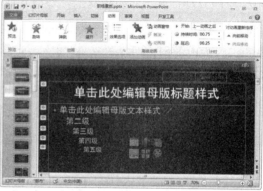

图 8-55 选择"展开"动画效果

图 8-56 设置"计时"选项

本章小结

通过本章的学习，读者应重点掌握以下知识。

（1）为幻灯片添加切换效果，使其播放变得流程。

（2）为单个、多个或全部幻灯片添加切换效果，并进行计时设置。

（3）为幻灯片对象应用进入、强调、退出和路径四种动画效果，并进行自定义设置。

（4）为一个幻灯片对象添加多个动画效果。

（5）使用动画刷工具复制动画。

（6）对幻灯片中的动画进行排序、更换和删除。

（7）为 SmartArt 图形添加动画效果，使其中的图形对象逐个播放，加强 SmartArt 图形的演示效果。

（6）在"幻灯片母版"视图中为各个版式添加动画，以使应用了这些版式的幻灯片具有统一的动画效果。

本章习题

（1）将幻灯片的"自动换片时间"设置为 0，使动画播放完毕后自动切换到下一张幻灯片。

（2）使用"动画选项"对话框为动画添加声音，方法为：在动画选项对话框"效果"选项卡下的"增强"选项区中进行设置。

（3）根据为 SmartArt 图形添加动画的方法，为第 8 张幻灯片中的饼图添加进入动画，效果如图 8-57 所示。

（4）结合本章的内容，将第 2 节的标题幻灯片制成动画，效果如图 8-58 所示。

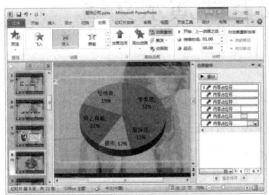 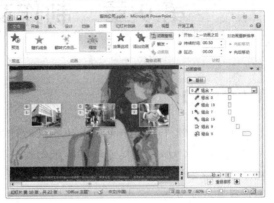

图 8-57　为图表添加动画　　　　　　　　图 8-58　制作幻灯片动画

第9章 制作交互式演示文稿

【本章导读】

在默认情况下，演示文稿中的各张幻灯片都是相对独立的，在放映时只能按照顺序依次播放。通过添加超链接可以将各张幻灯片链接到一起，使演示文稿成为一个整体。本章将详细介绍如何为幻灯片创建超链接，添加动作，以及如何为动画添加触发器，使演示文稿变得具有交互性。

【本章目标】

➤ 能够通过为演示文稿中的幻灯片创建超链接，使演示文稿成为一个整体。
➤ 能够通过动作设置增强超链接的功能。
➤ 能够通过为幻灯片动画添加触发器，实现动画的交互功能。

9.1 为幻灯片创建超链接

在 PowerPoint 2010 中，为幻灯片对象插入超链接可以使幻灯片轻松地跳转到演示文稿中另一张幻灯片，也可以从一张幻灯片跳转到不同演示文稿中另一张幻灯片、电子邮件地址、网页或文件。本节将详细介绍如何为幻灯片创建超链接。

实训1 链接到同一演示文稿的超链接

在制作演示文稿时，可以为幻灯片中的对象，如占位符、文本框、图片、形状等创建超链接。下面将以为文本创建超链接为例，介绍如何为幻灯片对象创建链接到同一演示文稿中的超链接。

1. 为文字创建超链接

在制作幻灯片时，可以根据需要为其中的文字创建超链接，具体操作方法如下。

Step 01 打开素材文件"职场素质.pptx"，选择第 2 张幻灯片，选中文本"团队意识"，在"插入"选项卡下单击"超链接"按钮，如图 9-1 所示。

Step 02 弹出"插入超链接"对话框，在左侧"链接到"选项区中单击"本文档中的位置"按钮，在右侧选择要链接到的幻灯片，然后单击"确定"按钮，如图 9-2 所示。

图 9-1　单击"超链接"按钮　　　　　　图 9-2　"插入超链接"对话框

Step 03 此时，即可为所选文本创建超链接。超链接文本颜色发生变化，且其下方显示下划线，如图 9-3 所示。

Step 04 采用同样的方法，为内容占位符中的其他文本创建超链接，如图 9-4 所示。

图 9-3　查看超链接文本　　　　　　　图 9-4　为其他文本创建超链接

Step 05 按【Shift+F5】组合键放映当前幻灯片，将鼠标指针置于超链接文本上，当其变为手形时单击鼠标左键，如图 9-5 所示。

Step 06 此时，即可自动跳转到所链接的幻灯片中，如图 9-6 所示。

图 9-5　单击超链接文本　　　　　　　图 9-6　跳转到链接位置

2. 更改超链接文本颜色

为文本添加超链接后，其颜色会发生改变，且无法在"字体"组中修改超链接文本颜色。若要更改超链接文本颜色，具体操作方法如下。

Step 01 在"设计"选项卡下"主题"组中单击"颜色"下拉按钮，在弹出的下拉列表中选择"自定义颜色"选项，如图 9-7 所示。

Step 02 弹出"新建主题颜色"对话框，单击"超链接"右侧的下拉按钮，选择所需的颜色，如图 9-8 所示。

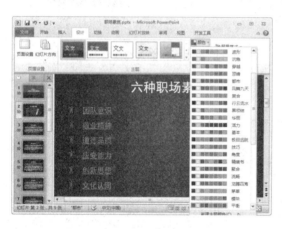

图 9-7　选择"自定义颜色"选项

图 9-8　"新建主题颜色"对话框

Step 03 采用同样的方法，设置"已访问的超链接"颜色，输入名称，然后单击"保存"按钮，如图 9-9 所示。

Step 04 此时，超链接文本颜色即可变为所指定的颜色，如图 9-10 所示。

图 9-9　设置已访问的超链接颜色

图 9-10　查看超链接文本颜色

3. 删除超链接文本的下划线

若要删除超链接文本中的下划线，可将文本添加到文本框中，然后对文本框创建超链接，具体操作方法如下。

Step 01 进入"幻灯片母版"视图，在左窗格中选择"标题和内容版式"幻灯片，在幻灯片的右下方插入文本框并输入文字"返回"，如图 9-11 所示。

Step 02 右击文本框，在弹出的快捷菜单中选择"超链接"命令，如图 9-12 所示。

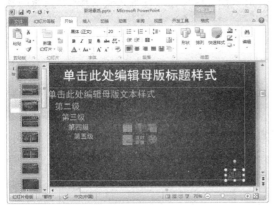

图 9-11 插入文本框

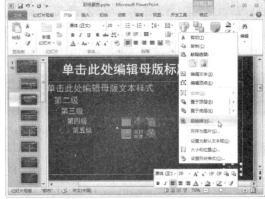

图 9-12 选择"超链接"命令

Step 03 弹出"插入超链接"对话框，设置超链接到第 2 张幻灯片，然后单击"确定"按钮，如图 9-13 所示。

Step 04 退出"幻灯片母版"视图，可以看到所有应用了"标题和内容"版式的幻灯片其右下方均添加了"返回"文本超链接，且文本上无下划线，如图 9-14 所示。

图 9-13 "插入超链接"对话框

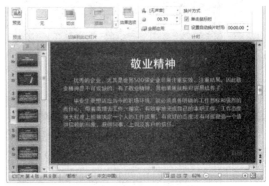

图 9-14 查看超链接文本框

Step 05 单击任务栏中的"幻灯片放映"按钮，放映当前幻灯片，单击"返回"超链接文本，如图 9-15 所示。

Step 06 此时，即可跳转到第 2 张幻灯片，如图 9-16 所示。

图 9-15 单击超链接文本

图 9-16 跳转到链接位置

以上操作完成后，可以看到在第 2 张幻灯片中也添加了"返回"超链接，这并不是我们所需要的。要解决该问题，可执行以下操作。

Step 01 按【Esc】键退出幻灯片放映，选择第 2 张幻灯片，由于超链接位于"标题与内容版式"母版中，因此无法在幻灯片中直接删除，如图 9-17 所示。

Step 02 在"开始"选项卡下"幻灯片"组中单击"版式"下拉按钮，在弹出的下拉列表中选择"仅标题"版式，如图 9-18 所示。

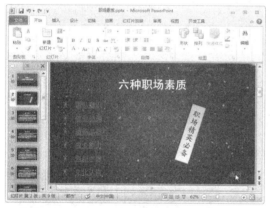

图 9-17 查看超链接文本

图 9-18 选择幻灯片版式

Step 03 此时，即可将第 2 张幻灯片的版式更改为"仅标题"版式，可以看到"返回"超链接文本已经不存在了，如图 9-19 所示。

Step 04 对第 2 张幻灯片中的文本格式进行设置，将其恢复为原来的样式，如图 9-20 所示。

图 9-19 更改幻灯片版式

图 9-20 设置文本格式

实训 2　链接到其他文件

在幻灯片中创建超链接时，除了可以链接到本演示文稿中的幻灯片外，还可以链接到外部文件，具体操作方法如下。

Step 01 打开素材文件"服饰公司.pptx"，选择第 21 张幻灯片，在其中插入形状并设置格式，然后选中该形状，如图 9-21 所示。

Step 02 按【Ctrl+K】组合键，弹出"插入超链接"对话框。在左侧"链接到"选项区中单击"现有文件或网页"按钮，在右侧选择要链接到的文件，然后单击"屏幕提示"按钮，如图 9-22 所示。

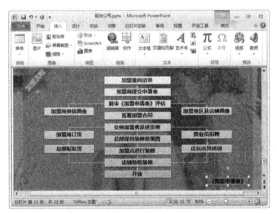

图 9-21　插入形状

图 9-22　"插入超链接"对话框

Step 03 弹出"设置超链接屏幕提示"对话框，输入屏幕提示文字，然后依次单击"确定"按钮，如图 9-23 所示。

Step 04 返回幻灯片中，此时即可为形状创建超链接。单击任务栏中的"幻灯片放映"按钮 🔲，如图 9-24 所示。

图 9-23　设置屏幕提示文字

图 9-24　单击"幻灯片放映"按钮

Step 05 开始放映当前幻灯片，将鼠标指针置于形状上，指针将变为手形并显示屏幕指示文字，如图 9-25 所示。

Step 06 单击形状即可打开指定的文件，如图 9-26 所示。

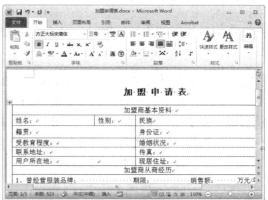

图 9-25　单击超链接对象　　　　　　　　　　图 9-26　打开指定文件

实训 3　链接到其他演示文稿的幻灯片

在制作幻灯片时，可以将超链接链接到其他演示文稿中的幻灯片，这样在放映时便可以同时放映这两个演示文稿。链接到其他演示文稿幻灯片的具体操作方法如下。

Step 01 选择第 20 张幻灯片，在其中插入文本框并设置格式，然后选中该文本框，在"插入"选项卡下单击"超链接"按钮，如图 9-27 所示。

Step 02 弹出"插入超链接"对话框，在左侧"链接到"选项区中单击"现有文件或网页"按钮，在右侧选择要链接到的演示文稿，然后单击"书签"按钮，如图 9-28 所示。

图 9-27　单击"超链接"按钮　　　　　　　　图 9-28　"插入超链接"对话框

Step 03 弹出"在文档中选择位置"对话框，选择要链接到的幻灯片，然后依次单击"确定"按钮，如图 9-29 所示。

Step 04 按【Shift+F5】组合键放映当前幻灯片，将鼠标指针置于超链接文本上，当其变为手形时单击鼠标左键，如图 9-30 所示。

图 9-29 "在文档中选择位置"对话框

图 9-30 单击超链接对象

Step 05 此时，即可自动跳转到所链接演示文稿的指定位置，如图 9-31 所示。

Step 06 按【Esc】键即可退出链接的演示文稿，返回当前幻灯片的放映，如图 9-32 所示。再次按【Esc】键即可退出幻灯片放映。

图 9-31 跳转到所链接演示文稿的指定位置

图 9-32 返回当前放映

实训4 链接到网页

若在演示文稿放映过程中需要打开网页查阅资料，则可以在幻灯片中创建指向该网页的超链接，具体操作方法如下。

Step 01 打开素材文件"职场素质.pptx"，选择最后 1 张幻灯片，在幻灯片中插入文本框并将其选中，如图 9-33 所示。

Step 02 按【Ctrl+K】组合键，弹出"插入超链接"对话框。在左侧"链接到"选项区中单击"现有文件或网页"按钮，在右侧的"地址栏"下拉列表框中输入网址，然后单击"确定"按钮，如图 9-34 所示。

图 9-33　插入文本框

图 9-34　"插入超链接"对话框

Step 03 按【Shift+F5】组合键放映当前幻灯片，将鼠标指针置于超链接文本上，当其变为手形时单击鼠标左键，如图 9-35 所示。

Step 04 此时，即可自动打开链接的网页，如图 9-36 所示。

图 9-35　单击超链接文本

图 9-36　打开网页

实训 5　编辑与删除超链接

若要删除超链接，可右击超链接对象，在弹出的快捷菜单中选择"取消超链接"命令，如图 9-37 所示。

图 9-37　删除超链接

若要重新编辑超链接，可右击超链接对象，在弹出的快捷菜单中选择"编辑超链接"命令，此时将弹出"编辑超链接"对话框，可对超链接进行更改或删除操作，单击"确定"按钮，如图 9-38 所示。

图 9-38　编辑超链接

9.2　使用动作

除了使用超链接实现幻灯片之间的跳转外，还可以使用动作设置。动作设置比超链接的功能更为强大，它不仅可以实现跳转功能，还可以设置鼠标悬停时执行的操作。在幻灯片中可以插入动作按钮来进行动作设置，还可以为幻灯片中的任意对象添加动作。

实训 1　插入动作按钮

在幻灯片中插入动作按钮的具体操作方法如下。

Step 01　打开素材文件"服饰公司.pptx"，选择第 1 张幻灯片，在"插入"选项卡下单击"形状"下拉按钮，在弹出的列表框中选择所需的动作按钮，在此选择"影片"动作按钮，如图 9-39 所示。

Step 02　在幻灯片中拖动鼠标绘制动作按钮，如图 9-40 所示。

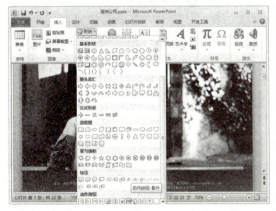

图 9-39　选择"影片"动作按钮

图 9-40　绘制动作按钮

Step 03 完成绘制后松开鼠标，将弹出"动作设置"对话框。选中"超链接到"单选按钮，并在"超链接到"下拉列表中选择"幻灯片"选项，如图 9-41 所示。

Step 04 弹出"超链接到幻灯片"对话框，选择视频文件所在的幻灯片，然后依次单击"确定"按钮，如图 9-42 所示。

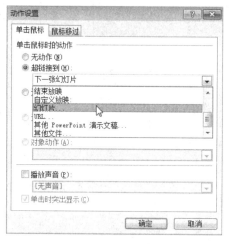

图 9-41　选择"幻灯片"选项　　　　　　　图 9-42　选择链接幻灯片

Step 05 选中动作按钮，在"格式"选项卡下对其设置形状格式，效果如图 9-43 所示。

Step 06 选择视频文件所在的幻灯片，按照前面的方法在其中插入返回动作按钮，并设置超链接到第 1 张幻灯片，如图 9-44 所示。

图 9-43　设置形状格式　　　　　　　　　图 9-44　创建返回动作按钮

Step 07 按【F5】键放映幻灯片，将鼠标指针置于动作按钮上，当其变为手形时单击鼠标左键，如图 9-45 所示。

Step 08 此时，即可自动跳转到指定的幻灯片中。单击其中的动作按钮，将返回到第 1 张幻灯片，如图 9-46 所示。

图 9-45　单击动作按钮

图 9-46　跳转到链接位置

实训 2　为幻灯片对象添加动作

在制作演示文稿时，可以为幻灯片中的任意对象添加动作，具体操作方法如下。

Step 01 打开素材文件 "职场素质.pptx"，切换到 "幻灯片母版" 视图中，在 "插入" 选项卡下单击 "图片" 按钮，如图 9-47 所示。

Step 02 弹出 "插入图片" 对话框，选中要插入的图片，然后单击 "插入" 按钮，如图 9-48 所示。

图 9-47　单击 "图片" 按钮

Step 03 此时，即可将所选图片插入幻灯片母版中，根据需要调整图片的大小和位置，如图 9-49 所示。

图 9-48　"插入图片" 对话框

图 9-49　调整图片大小和位置

Step 04 选中图片，在 "插入" 选项卡下 "链接" 组中单击 "动作" 按钮，如图 9-50 所示。

Step 05 弹出 "动作设置" 对话框，选中 "超链接到" 单选按钮，然后在 "超链接到" 下拉列表中选择 "结束放映" 选项，如图 9-51 所示。

图 9-50　单击"动作"按钮

图 9-51　"动作设置"对话框

Step 06 选中"播放声音"复选框，在其下拉列表中选择"箭头"音效，如图 9-52 所示。

Step 07 选择"鼠标移过"选项卡，选中"播放声音"复选框，在其下拉列表框中选择"打字机"音效，选中"鼠标移过时突出显示"复选框，然后单击"确定"按钮，如图 9-53 所示。

图 9-52　设置播放声音

图 9-53　设置"鼠标移过"选项

Step 08 按【F5】键放映幻灯片，将鼠标指针置于添加了动作的图片上，将突出显示并播放"打字机"音效，单击则退出幻灯片放映，如图 9-54 所示。

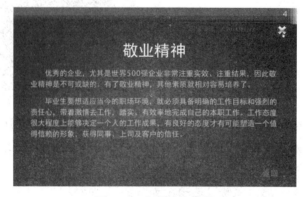

图 9-54　查看动作效果

9.3　为动画添加触发器

触发器是幻灯片上的某个元素，如图片、形状、按钮、一段文字或文本框，单击它即可引发一项操作。使用触发器可以指定动画的播放顺序，从而实现动画的交互功能。本任务将详细介绍如何为动画添加触发器。

实训 1　为动画添加触发器

如果动画在执行过程中可以选择是否播放动画，或播放什么动画，则可以极大地提升对演示文稿的控制力。为动画添加触发器便可以实现这一过程，具体操作方法如下。

Step 01 打开素材文件"服饰公司.pptx"，选择第 7 张幻灯片，选中其中的图片，然后选择"格式"选项卡，在"排列"组中单击"选择窗格"按钮，如图 9-55 所示。

图 9-55　单击"选择窗格"按钮

Step 02 打开"选择和可见性"窗格，可以看到与所选图片对应的名称为"图片 29"，如图 9-56 所示。

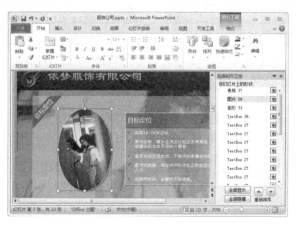

图 9-56　查看图片名称

Step 03 在"动画"选项卡下为幻灯片中的表格添加"劈裂"动画,打开动画窗格,选择该动画,如图 9-57 所示。

Step 04 在"高级动画"组中单击"触发"下拉按钮,在弹出的下拉列表中选择"单击"|"图片 29"对象(即该张幻灯片中的椭圆图片),如图 9-58 所示。

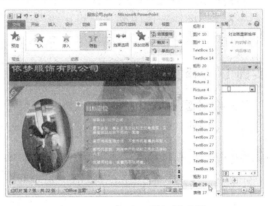

图 9-57 为表格添加动画   图 9-58 为动画添加触发器

Step 05 按【Shift+F5】组合键放映当前幻灯片,将鼠标指针置于图片上,当其变为手形时单击鼠标左键,如图 9-59 所示。

Step 06 此时,开始播放表格对象的"劈裂"进入动画,如图 9-60 所示。若在放映过程中不单击图片,则表格动画永远不会进行播放。

图 9-59 单击图片   图 9-60 播放表格动画

实训 2 为视频添加播放和停止按钮

利用触发器功能可以为视频文件添加"播放"和"停止"按钮,以控制视频播放,具体操作方法如下。

Step 01 选择视频文件所在的幻灯片,在该幻灯片中创建同心圆和禁止符形状并设置格式,如图 9-61 所示。

图 9-61 创建形状并设置格式

Step 02 选中视频对象，选择"动画"选项卡，在"动画"组中选择"暂停"动画，在"高级动画"组中单击"触发"下拉按钮，在弹出的下拉列表中选择"单击"|"同心圆 37"对象，如图 9-62 所示。

图 9-62 为"暂停"动画添加触发器

Step 03 在"高级动画"组中单击"添加动画"下拉按钮，在弹出的下拉列表中选择"停止"动画，如图 9-63 所示。

Step 04 打开动画窗格，选择"停止"动画，如图 9-64 所示。

图 9-63 添加"停止"动画

图 9-64 选择"停止"动画

Step 05 在"高级动画"组中单击"触发"下拉按钮，在弹出的下拉列表中选择"单击"|
"禁止符 4"对象，如图 9-65 所示。

Step 06 按【Shift+F5】组合键放映当前幻灯片，将鼠标指针置于同心圆上，当其变为手形
时单击即可开始播放视频，再次单击可暂停播放。单击禁止符形状，则停止视频
播放，如图 9-66 所示。

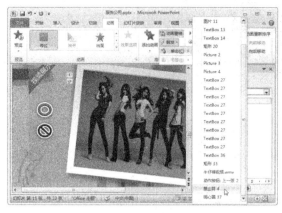

图 9-65 为"停止"动画添加触发器

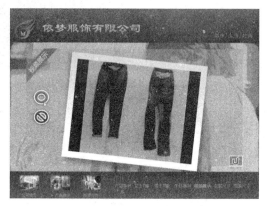

图 9-66 查看触发器效果

本章小结

通过本章的学习，读者应重点掌握以下知识。

（1）通过为幻灯片对象创建超链接，使其轻松跳转到演示文稿的指定幻灯片，或其
他演示文稿的幻灯片、文件、网页等。

（2）根据需要删除或重新编辑超链接。

（3）在幻灯片中可以添加动作按钮，或将动作添加到幻灯片对象上。

（4）通过为动画添加触发器来控制动画的播放，触发器须是本幻灯片中的某个对象。

本章习题

（1）打开素材"服饰公司.pptx"，为第 2 张幻灯片中右侧的两个图片创建超链接，使
其链接到相应的标题幻灯片，如图 9-67 所示。

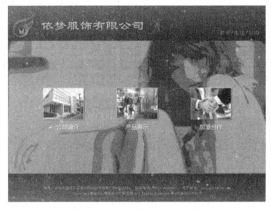

图 9-67　为图片添加超链接

（2）由任务三中的"为视频添加播放和停止按钮"可以得知，可以为一个对象中多个动画分别添加多个触发器。同样，也可以使用一个触发器来触发多个动画，读者可自行练习。

操作提示：

1. 打开动画窗格，选择多个动画。

2. 为动画添加触发器。

（3）参考为视频添加播放和停止按钮的方法，为视频对象添加书签，并为书签添加触发器，如图 9-68 所示。

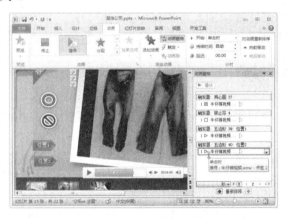

图 9-68　为视频书签添加触发器

操作提示：

1. 在幻灯片中插入两个五边形形状，并在视频进度条上添加两个书签。

2. 选择书签 1，单击"添加动画"下拉按钮，选择"搜寻"动画。

3. 打开动画窗格，选择书签 1 动画，为其添加五边形触发器。

4. 按照 2~3 步的操作，为书签 2 添加触发器。

第10章　放映与导出演示文稿

【本章导读】

制作演示文稿的目的是通过放映演示文稿将内容信息展现给观众，以表达演讲者的意图。因此，放映演示文稿是制作演示文稿的最后一个环节，也是最重要的环节。本章将介绍如何对演示文稿进行放映与导出。

【本章目标】

➢ 能够灵活地对幻灯片进行放映，表达演讲者的意图。
➢ 能够将演示文稿导出为 PDF 电子文档或视频。

10.1　放映演示文稿

本节将介绍放映演示文稿前的准备工作与如何进行幻灯片放映，包括创建自定义放映，设置放映类型，设置排列计时，录制幻灯片演示和开始放映幻灯片等内容。

实训1　创建自定义放映

创建自定义放映可以指定需要放映的幻灯片，或调整幻灯片的播放次序，下面将对其进行详细介绍。

1. 为幻灯片添加标题

在设置自定义放映时，可以通过幻灯片的标题名来指定幻灯片。由于本例的演示文稿应用了"空白"版式，因此不存在标题名，而只显示幻灯片编号。此时，可为幻灯片添加标题名，具体操作方法如下。

Step 01 打开素材文件"服饰公司.pptx"，将左窗格切换到"大纲"窗格，选择第 3 张幻灯片，并将鼠标光标定位到标题位置，如图 10-1 所示。

图 10-1　切换到"大纲"窗格

Step 02 输入幻灯片标题 "关于依梦"，此时在幻灯片中会显示标题文字，如图 10-2 所示。

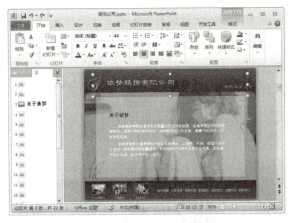

图 10-2 输入幻灯片标题

Step 03 为了使标题文字不在幻灯片中出现，将其移至幻灯片外，如图 10-3 所示。

图 10-3 将标题移至幻灯片外

Step 04 采用同样的方法，为其他幻灯片添加标题，如图 10-4 所示。

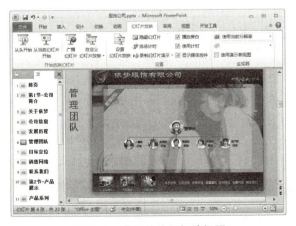

图 10-4 添加其他幻灯片标题

2. 放映指定的幻灯片

使用自定义放映功能放映指定幻灯片的具体操作方法如下。

Step 01 选择"幻灯片放映"选项卡，单击"自定义幻灯片放映"下拉按钮，选择"自定义放映"选项，如图 10-5 所示。

Step 02 弹出"自定义放映"对话框，在其中单击"新建"按钮，如图 10-6 所示。

图 10-5　选择"自定义放映"选项　　　　图 10-6　"自定义放映"对话框

Step 03 弹出"定义自定义放映"对话框，输入放映名称，在左侧列表框中选中要放映的幻灯片，然后单击"添加"按钮，如图 10-7 所示。

Step 04 此时，即可在右侧列表框中添加自定义放映的幻灯片。选中一张幻灯片，单击"向上"按钮，即可调整其播放次序，如图 10-8 所示。

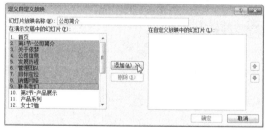

图 10-7　"定义自定义放映"对话框　　　　图 10-8　调整幻灯片次序

Step 05 选中一张幻灯片，单击"删除"按钮，即可将其从自定义放映中删除，如图 10-9 所示。

Step 06 设置完成后，单击"确定"按钮，如图 10-10 所示。

图 10-9　单击"删除"按钮　　　　图 10-10　单击"确认"按钮

Step 07 返回"自定义放映"对话框，单击"关闭"按钮，如图 10-11 所示。若要编辑自定义放映，可在"自定义放映"对话框中将其选中，然后单击"编辑"按钮。

Step 08 若要播放自定义放映，只需单击"自定义幻灯片放映"下拉按钮，在弹出的下拉列表中选择放映名称即可，如图 10-12 所示。

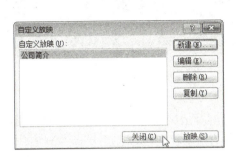

图 10-11　"自定义放映"对话框

图 10-12　播放选择的自定义放映

实训 2　设置放映类型

在实际幻灯片放映中，演讲者可能对放映方式有着不同的需求（如循环放映），这时就需要对幻灯片的放映类型进行设置，具体操作方法如下。

Step 01 选择"幻灯片放映"选项卡，在"设置"组中单击"设置幻灯片放映"按钮，如图 10-13 所示。

Step 02 弹出"设置放映方式"对话框，在"放映类型"选项区中选择所需的放映类型，在"放映选项"选项区中设置相关参数，如图 10-14 所示。

图 10-13　单击"设置幻灯片放映"按钮

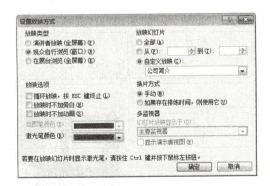

图 10-14　"设置放映方式"对话框

Step 03 在"放映幻灯片"选项区中设置要放映的幻灯片，在此选中"自定义放映"单选按钮。在"换片方式"选项区中选中"手动"单选按钮，如图 10-15 所示。

Step 04 按【F5】键放映幻灯片，查看放映效果，如图 10-16 所示。

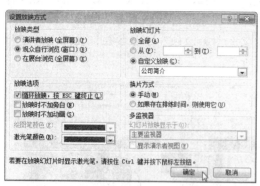

图 10-15　设置放映幻灯片和换片方式

图 10-16　查看放映效果

三种放映类型的说明如下：

➢ **演讲者放映（全屏幕）**：这是一种最常用的全屏幕放映类型，主要用于演讲者亲自播放幻灯片。在这种类型下演讲者拥有完全的控制权，可以使用鼠标控制放映，也可以设置自动放映演示文稿，同时还可以进行暂停、回放、录制旁白及添加标记等操作。

➢ **观众自行浏览（窗口）**：该方式适合于小规模演示，在放映时演示文稿是在标准 PowerPoint 窗口中进行放映的，并允许用户对其放映进行操作。

➢ **在展台浏览（全屏幕）**：这是一种自动播放的全屏幕循环放映方式，在放映结束 5 分钟内，如果用户没有指令则重新放映。另外，在这种放映方式下大多数的控制命令都不可用，而且只有按【Esc】键才能结束放映。

实训 3　设置排练计时

对于非交互式的演示文稿而言，在放映时可以为其设置自动演示功能，即幻灯片根据预先设置的显示时间逐张自动演示。使用"排练计时"功能就能实现，具体操作方法如下。

Step 01 选择"幻灯片放映"选项卡，在"设置"组中单击"排练计时"按钮，如图 10-17 所示。

图 10-17　单击"排练计时"按钮

Step 02　进入幻灯片放映视图，在左上角出现"录制"工具栏。在该工具栏中显示了放映
时间，单击"重复"按钮，可重新对该张幻灯片进行计时，如图 10-18 所示。

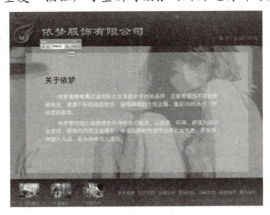

图 10-18　开始排练计时

Step 03　单击鼠标左键或按空格键放映下一张幻灯片，直到排练计时结束，弹出提示信息
框，单击"是"按钮，如图 10-19 所示。

Step 04　此时，将自动切换到"幻灯片浏览"视图中，其中显示了每张幻灯片的放映时间，
如图 10-20 所示。设置排练计时后，即可在"设置放映方式"对话框中应用排列
计时换片方式。

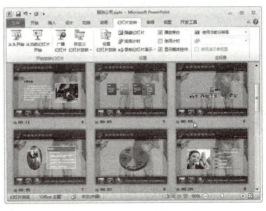

图 10-19　确认保留排练时间　　　　　图 10-20　查看排列计时

实训 4　录制幻灯片演示

通过录制幻灯片可以在放映时使用激光笔或为幻灯片录制旁白，对幻灯片进行解释。
录制幻灯片演示的具体操作方法如下。

Step 01　在"幻灯片放映"选项卡下单击"录制幻灯片演示"下拉按钮，在弹出的下拉列
表中选择"从头开始录制"选项，如图 10-21 所示。

Step 02　弹出提示信息框，选中要录制的内容，然后单击"开始录制"按钮，如图 10-22
所示。

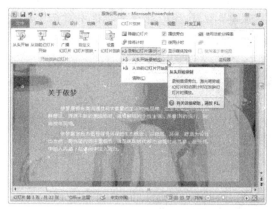

图 10-21　选择"从头开始录制"选项

图 10-22　选择录制内容

Step 03　开始放映幻灯片并自动进行录制,此时可以使用麦克风录制旁白,如图 10-23 所示。

Step 04　录制完毕后将自动切换到"幻灯片浏览"视图中, 从中可以看到每张幻灯片的计时时间, 且在每张幻灯片的右下角多出一个小喇叭图标(即使用麦克风录制的旁白), 如图 10-24 所示。

图 10-23　开始录制幻灯片演示

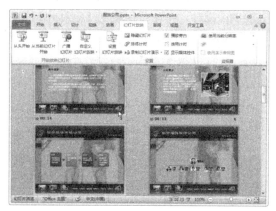

图 10-24　查看录制幻灯片

实训 5　开始放映幻灯片

下面将介绍如何对幻灯片进行放映,以及在放映过程中一些操作技巧,具体操作方法如下。

Step 01　在"幻灯片放映"选项卡下单击"从头开始"按钮或按【F5】键,即可开始放映幻灯片,如图 10-25 所示。单击"从当前幻灯片开始"按钮或按【Shift+F5】组合键,可从当前幻灯片开始放映演示文稿。

Step 02　进入"幻灯片放映"视图,单击左下方的笔按钮,在弹出的列表中可调用笔工具,如图 10-26 所示。

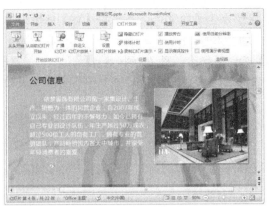

图 10-25　单击"从头开始"按钮

图 10-26　单击笔按钮

Step 03 单击左下方的▤按钮，会弹出功能菜单，从中可进行浏览幻灯片、自定义放映、选择屏幕等操作，如图 10-27 所示。

Step 04 右击幻灯片，在弹出的快捷菜单中也可进行相应的放映操作，如图 10-28 所示。

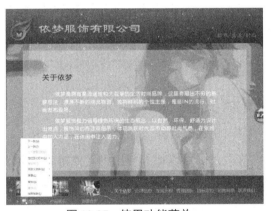

图 10-27　使用功能菜单

图 10-28　使用右键快捷菜单

Step 05 按【←】【→】方向键切换幻灯片，按【Ctrl+P】组合键即可调用笔工具，此时即可在幻灯片中进行自由的涂鸦绘画，如图 10-29 所示。

Step 06 若不习惯在当前幻灯片中绘制，可以按【W】键进入白屏，再进行绘制，如图 10-30 所示。若进入黑屏可按【B】键，注意需在英文状态下按单个按键。

图 10-29　使用笔绘制

图 10-30　在白屏下绘制

Step 07 按【Esc】键可退出笔状态，恢复鼠标指针为普通的箭头，再次按【W】键退出白屏。按【Ctrl+E】组合键将调用橡皮擦工具，在绘制的线条上单击即可将其擦除，如图 10-31 所示。若要将幻灯片上的墨迹全部删除，可直接按【E】键。

Step 08 按【F1】键打开"幻灯片放映帮助"对话框，在"常规"选项卡下可查看常用的快捷键，如图 10-32 所示。

图 10-31　使用橡皮擦工具擦除线条

图 10-32　"幻灯片放映帮助"对话框

10.2　导出演示文稿

若希望将演示文稿分发给他人，且防止他人修改，则可以将其导出为其他格式。本任务将详细介绍如何将演示文稿导出为 PDF 电子文档和视频。

实训 1　导出 PDF 电子文档

PDF 电子文档是在 Internet 上进行电子文档发行和数字化信息传播的理想文档格式。PDF 电子文档具有较小的文件大小，而且其文件格式与操作系统平台无关，不管是在 Windows、Unix 还是在 Mac OS 操作系统中都是通用的。将演示文稿导出为 PDF 电子文档的具体操作方法如下：

Step 01 选择"文件"选项卡，在左侧选择"保存并发送"选项，在中间选择"创建 PDF/XPS 文档"选项，然后单击"创建 PDF/XPS"按钮，如图 10-33 所示。

Step 02 弹出"发布为 PDF 或 XPS"对话框，选择保存位置，然

图 10-33　单击"创建 PDF/XPS"按钮

后单击"选项"按钮，如图 10-34 所示。

Step 03 弹出"选项"对话框，对"范围"、"发布选项"等选项进行设置，单击"确定"按钮，如图 10-35 所示。

图 10-34　"发布为 PDF 或 XPS"对话框　　　　图 10-35　"选项"对话框

Step 04 在"发布为 PDF 或 XPS"对话框中单击"发布"按钮，发布完成后将自动打开 PDF 文档，在幻灯片中添加的超链接在 PDF 文档中依然起作用，如图 10-36 所示。

图 10-36　查看 PDF 文档

实训 2　导出视频

在 PowerPoint 2010 中可以将演示文稿保存为一个全保真的视频文件，这样可以确保演示文稿中的动画、旁白和多媒体内容可以顺畅地播放，将其分发给他人时更加放心。将演示文稿导出为视频的具体操作方法如下。

Step 01 打开素材文件"职场素质.pptx"，选择"文件"选项卡，在左侧选择"保存并发送"选项，在中间选择"创建视频"选项，然后单击"计算机和 HD 显示"下拉按钮，在弹出的下拉列表中选择视频大小，如图 10-37 所示。

图 10-37　选择视频大小

Step 02 设置不使用录制的计时和旁白，设置放映每张幻灯片的秒数为 5，然后单击"创建视频"按钮，如图 10-38 所示。

图 10-38　单击"创建视频"按钮

Step 03 弹出"另存为"对话框，选择保存位置，然后单击"保存"按钮，如图 10-39 所示。

Step 04 此时开始创建视频文件，并在任务栏中显示创建进度，如图 10-40 所示。单击"取消"按钮，可取消视频的创建。

图 10-39　"另存为"对话框

图 10-40　开始创建视频

Step 05　打开视频文件的保存位置，双击视频文件，如图 10-41 所示。

Step 06　此时即可使用播放器播放视频文件，如图 10-42 所示。

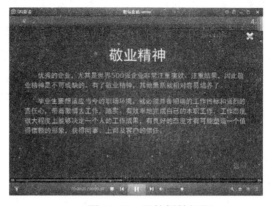

图 10-41　双击视频文件　　　　　　　图 10-42　开始播放视频

本章小结

通过本章的学习，读者应重点掌握以下知识。

（1）通过创建自定义放映来放映指定的幻灯片，还可以根据需要调整放映次序。

（2）对幻灯片放映进行自定义设置，如设置放映类型、放映选项、要放映的幻灯片、换片方式等参数。

（3）通过排练计时可以模拟幻灯片放映过程，并记录下每张幻灯片的持续时间，从而可以很好地设置演示文稿自动播放。

（4）在幻灯片放映过程中灵活地使用快捷键，可以使演讲者从容应对各种情况。

（5）为了易于演示文稿的共享与观看，可以将其另存为其他格式，如 PDF 电子文档、WMV 视频格式。

本章习题

（1）打开素材文件"服饰公司.pptx"，将第 2 节的幻灯片设置为自定义放映。

（2）结合上一章与本章的内容，练习创建指向自定义放映的超链接。

（3）依据"导出演示文稿"的方法，将"职场素质.pptx"文件另存为 PPSX 放映文件。PPSX 格式的文件为演示文稿放映文件，该文件无法进行编辑，只能用于放映幻灯片。